风电场作业
危险点辨识与预控措施

陈立伟　主编

U0246623

中国电力出版社
CHINA ELECTRIC POWER PRESS

图书在版编目（CIP）数据

风电场作业危险点辨识与预控措施/陈立伟主编 . 一北京：中国电力出版社，
2018.6

ISBN 978-7-5198-2032-9

Ⅰ．①风… Ⅱ．①陈… Ⅲ．①风力发电－风险管理 Ⅳ．①TM614

中国版本图书馆 CIP 数据核字（2018）第 093887 号

出版发行：中国电力出版社	印　　刷：三河市百盛印装有限公司	
地　　址：北京市东城区北京站西街19号	版　　次：2018年6月第一版	
邮政编码：100005	印　　次：2018年6月北京第一次印刷	
网　　址：http://www.cepp.sgcc.com.cn	开　　本：880毫米×1230毫米　32开本	
责任编辑：宋红梅　娄雪芳（010-63412383）	印　　张：4.625	
责任校对：太兴华	字　　数：134千字	
装帧设计：郝小燕	印　　数：0001—2000册	
责任印制：蔺义舟	定　　价：30.00 元	

本书编审组

前　言

preface

　　风力发电在可再生能源利用中所占比重逐年递增，随着生产规模的扩大，安全事故也呈现上升状态。所谓危险点，就是可能发生对人或设备造成损害的人、设备、设施和自然环境等因素。

　　风险辨识、风险预控的目的是充分认识可能存在的危险因素，采取全面的安全措施，就可最大限度地避免事故的发生。编者收集大量现场作业情况并结合自己近十年的风电工作经验编制此书，实用性极强。

　　本书从风电场生产运行、操作维护、检修方面对作业危险点进行了归纳，主要包括风电机组检修作业、变电站部分、线路检修作业、停送电操作部分等四篇。通过本书风险辨识和控制措施的严格执行，能够达到降低人身伤害和设备损坏，防止风力发电事故的效果。

编者
2018.2

目 录

contents

第一篇

风电机组检修作业

作 业	危险点	控 制 措 施
风电机组巡检	精神状态	合理安排工作班人员,情绪不良者禁止工作
	着火	野外、机舱内工作严禁明火,严禁吸烟
	高处坠落	1. 选用合格的安全带、安全绳; 2. 机舱外部工作时必须使用两条安全绳,左右挂在安全轨双支撑上; 3. 使用机舱内部吊车时,应将安全绳挂在机舱内部安全轨上
	高处落物	1. 进入作业现场,必须正确佩戴合格的安全帽; 2. 禁止两人同时上、下爬梯,工作服内严禁携带物品; 3. 禁止在运行风电机组叶轮旋转面内停留; 4. 禁止上、下抛掷工具
	机械伤害	1. 进轮毂前,需锁定风轮,两侧锁定销须安装到位防止脱落,安装防脱落销; 2. 进轮毂前变桨到0°,锁定球阀,触发急停按钮; 3. 禁止靠近风轮、主轴、联轴节,保证身体和转动部件间的安全距离; 4. 检查电刷前激活刹车系统; 5. 液压站工作须先触发急停按钮,并通过泄压阀泄压

作业		危险点	控制措施
风电机组巡检		触电	1．工作中设置专人监护； 2．工作过程中工作人员应穿绝缘鞋； 3．与带电设备保持足够的安全距离
		油腐蚀	接触油液须戴橡胶手套
		中毒	液压油、齿轮油作业时须戴防毒面具或口罩
		车辆事故	1．车辆状况良好，车速限制在 30km/h 内； 2．车辆应由公司准驾人员驾驶
		环境	1．严格执行厂家维护手册的规定作业风速； 2．环境温度低于–40℃不允许作业，温度高于37℃不允许作业； 3．雷雨、大雾天气禁止作业
风电机组定检	准备工作	精神状态	合理安排工作班人员，情绪不良者禁止工作
		着火	野外、机舱内工作严禁明火，严禁吸烟
		高处坠落	1．选用合格的安全带、安全绳； 2．机舱外部工作时必须使用两条安全绳，左右挂在安全轨双支撑上； 3．使用机舱内部吊车时，应将安全绳挂在机舱内部安全轨上

作业		危险点	控 制 措 施
风电机组定检	准备工作	高处落物	1. 进入作业现场，必须正确佩戴合格的安全帽； 2. 禁止两人同时上、下爬梯，工作服内严禁携带物品； 3. 禁止在运行风电机组叶轮旋转面内停留； 4. 禁止上、下抛掷工具
		车辆事故	1. 车辆状况良好，车速限制在30km/h内； 2. 车辆应由公司准驾人员驾驶
		环境	1. 严格执行厂家维护手册的规定作业风速； 2. 环境温度低于−40℃不允许作业，温度高于37℃不允许作业； 3. 雷雨、大雾天气禁止作业； 4. 当风速大于10m/s时，注意服务吊车的使用，防止刮碰； 5. 工作中产生的废油要集中处理，防止废油污染环境
	注油	机械伤害	1. 锁定风轮，两侧锁定销须安装到位，防止脱落，安装防脱落销； 2. 进轮毂前变桨到0°，锁定球阀，触发急停按钮； 3. 禁止在风轮、联轴节处停留，保证身体和转动部件之间的安全距离
		设备损坏	1. 按要求保证注油量，油品、油脂使用的正确性； 2. 注油前清理注油嘴和油枪注油孔，确保油脂内没有杂物； 3. 注油时应防止异物掉入设备内

作　业		危　险　点	控　制　措　施
风电机组定检	更换滤芯	油腐蚀	接触油液须戴橡胶手套
		油中毒	液压油、齿轮油作业时须戴防毒面具或口罩
		机械伤害	液压站工作须先触发急停按钮，并通过泄压阀泄压
		设备损坏	1. 正确使用工器具； 2. 按照厂家维护手册要求对滤芯力矩进行紧固，防止发生渗油、漏油现象
	电气测试	设备损坏	1. 按照定检要求进行电气测试，不得私自更改技术参数； 2. 测试结果超出规定范围，依照厂家维护手册进行调节
	力矩紧固	机械伤害	1. 手握在液压扳手运动反方向部位，防止挤压手指； 2. 液压扳手头在螺栓上卡好后再施加压力，工作成员之间必须配合默契； 3. 套筒头和力矩扳手连接须牢固，施加力矩注意把握节奏； 4. 液压油管不允许折弯，快速接头须连接完好； 5. 在小空间内作业，注意周围环境避免磕碰伤害
		触电	液压扳手取电源时，须验电，戴绝缘手套，并保证连接正确可靠

續表

作业		危险点	控 制 措 施
风电机组定检	力矩紧固	设备损坏	1. 按照厂家维护手册要求对各个连接部位进行力矩紧固，确保预紧力一致； 2. 力矩扳手、液压扳手使用前要进行力矩校验
	机械测试	机械伤害	禁止在风轮、联轴节处停留，保证身体和转动部件之间的安全距离
	充氮气	高处落物	氮气笼子应焊接牢固，起吊时人员和车辆不能停留在吊钩下方
		机械伤害	1. 触发急停按钮，并通过泄压阀泄压； 2. 氮气管路接口应安装牢固，防止高压伤人
		设备损坏	1. 使用前校验压力表，保证数据的准确性； 2. 按照厂家维护手册要求对氮气罐进行充压，防止压力过高影响气囊使用寿命
更换叶片		精神状态	合理安排工作班人员，情绪不良者禁止工作
		着火	野外、机舱内工作严禁明火，严禁吸烟

作业	危险点	控　制　措　施
更换叶片	高处坠落	1．选用合格的安全带、安全绳； 2．机舱外部工作时必须使用两条安全绳，左右挂在安全轨双支撑上； 3．使用机舱内部吊车时，应将安全绳挂在机舱内部安全轨上
	高处落物	1．进入作业现场，必须正确佩戴合格的安全帽； 2．禁止两人同时上、下爬梯，工作服内严禁携带物品； 3．禁止在运行风电机组叶轮旋转面内停留； 4．禁止上、下抛掷工具
	起重伤害	1．吊车作业应由专人指挥； 2．使用标准的指挥手势及口令； 3．吊车必须经过专业机构检验合格，吊车指挥及操作人员必须具有相关资质； 4．根据起吊重量及提升高度选择合适吨位的吊车； 5．工作人员禁止在吊车起重臂下、旋转半径内停留
	机械伤害	1．手握在液压扳手运动反方向部位，防止挤压手指； 2．液压扳手头在螺栓上卡好后再施加压力，工作成员之间必须配合默契； 3．套筒头和力矩扳手连接须牢固； 4．液压油管不允许折弯，快速接头须连接完好； 5．在小空间内作业，注意周围环境避免磕碰伤害

作业	危险点	控 制 措 施
更换叶片	触电	液压扳手取电源时，须验电，戴绝缘手套，并保证连接正确可靠
	车辆事故	1．车辆状况良好，车速限制在30km/h内； 2．车辆应由公司准驾人员驾驶
	设备损坏	1．选用正确、完好的吊具，锐角吊孔须使用卸扣，不允许直接用吊带； 2．拉晃绳人员必须保证晃绳始终平稳，避免吊具损坏叶片
	环境	1．严格执行厂家维护手册的规定作业风速； 2．环境温度低于–25℃不允许吊装作业； 3．雷雨、大雾天气禁止作业； 4．当风速大于10m/s时，注意服务吊车的使用，防止刮碰
更换轮毂、导流罩	精神状态	合理安排工作班人员，情绪不良者禁止工作
	着火	野外、机舱内工作严禁明火，严禁吸烟
	高处坠落	1．选用合格的安全带、安全绳； 2．机舱外部工作时必须使用两条安全绳，左右挂在安全轨双支撑上； 3．使用机舱内部吊车时，应将安全绳挂在机舱内部安全轨上

作业	危险点	控 制 措 施
更换轮毂、导流罩	高处落物	1．进入作业现场，必须正确佩戴合格的安全帽； 2．禁止两人同时上、下爬梯，工作服内严禁携带物品； 3．禁止在运行风电机组叶轮旋转面内停留； 4．禁止上、下抛掷工具
	起重伤害	1．吊车作业应由专人指挥； 2．使用标准的指挥手势及口令； 3．所用吊车必须经过专业机构检验合格，吊车指挥及操作人员必须具有相关资质； 4．根据起吊重量及提升高度选择合适吨位的吊车； 5．工作人员禁止在吊车起重臂下、旋转半径内停留
	机械伤害	1．手握在液压扳手运动反方向部位，防止挤压手指； 2．液压扳手头在螺栓上卡好后再施加压力，工作成员之间必须配合默契； 3．套筒头和力矩扳手连接须牢固，施加力矩注意把握节奏； 4．液压油管不允许折弯，快速接头须连接完好； 5．在小空间内作业，注意周围环境避免磕碰伤害
	触电	液压扳手取电源时，须验电，戴绝缘手套，并保证连接正确可靠

作业	危险点	控制措施
更换轮毂、导流罩	车辆事故	1. 车辆状况良好，车速限制在30km/h内； 2. 车辆应由公司准驾人员驾驶
	设备损坏	1. 选用正确、完好的吊具，锐角吊孔须用加卸扣，不允许直接用吊带； 2. 拉晃绳人员必须保证晃绳始终平稳，避免发生碰撞
	环境	1. 严格执行厂家维护手册的规定作业风速； 2. 环境温度低于–25℃不允许吊装作业； 3. 雷雨、大雾天气禁止作业； 4. 当风速大于10m/s时，注意服务吊车的使用，防止刮碰
更换齿轮箱	精神状态	合理安排工作班人员，情绪不良者禁止工作
	着火	野外、机舱内工作严禁明火，严禁吸烟
	高处坠落	1. 选用合格的安全带、安全绳； 2. 机舱外部工作时必须使用两条安全绳，左右挂在安全轨双支撑上； 3. 使用机舱内部吊车时，应将安全绳挂在机舱内部安全轨上
	高处落物	1. 进入作业现场，必须正确佩戴合格的安全帽； 2. 禁止两人同时上、下爬梯，工作服内严禁携带物品；

作 业	危险点	控 制 措 施
更换齿轮箱	高处落物	3．禁止在运行风电机组叶轮旋转面内停留； 4．禁止上、下抛掷工具
	起重伤害	1．吊车作业应由专人指挥； 2．使用标准的指挥手势及口令； 3．所用吊车必须经过专业机构检验合格，吊车指挥及操作人员必须具有相关资质； 4．根据起吊重量及提升高度选择合适吨位的吊车； 5．工作人员禁止在吊车起重臂下、旋转半径内停留
	机械伤害	1．手握在液压扳手运动反方向部位，防止挤压手指； 2．液压扳手头在螺栓上卡好后再施加压力，工作成员之间必须配合默契； 3．套筒头和力矩扳手连接须牢固； 4．液压油管不允许折弯，快速接头须连接完好； 5．在小空间内作业，注意周围环境避免磕碰伤害； 6．拆卸地脚、联轴器时防止划伤和碰伤
	触电	1．将电源侧断路器断开； 2．停电后，对检修设备进行验电

作业	危险点	控 制 措 施
更换齿轮箱	车辆事故	1．车辆状况良好，车速限制在 30km/h 内； 2．车辆应由公司准驾人员驾驶
	设备损坏	1．选用正确、完好的吊具，锐角吊孔须用加卸扣，不允许直接用吊带； 2．拉晃绳人员必须保证晃绳始终平稳，避免发生碰撞； 3．拆下的接线要做好记录，防止恢复时误接线； 4．整个更换过程应按照作业指导书的要求进行操作； 5．使用合格的吊带，吊带规格应符合齿轮箱质量要求
	环境	1．严格执行厂家维护手册的规定作业风速； 2．环境温度低于-25℃不允许吊装作业，温度低于-40℃不允许作业； 3．雷雨、大雾天气禁止作业； 4．当风速大于 10m/s 时，注意服务吊车的使用，防止刮碰
更换发电机	精神状态	合理安排工作班人员，情绪不良者禁止工作；
	着火	野外、机舱内工作严禁明火，严禁吸烟
	高处坠落	1．选用合格的安全带、安全绳； 2．机舱外部工作时必须使用两条安全绳，左右挂在安全轨双支撑上； 3．使用机舱内部吊车时，应将安全绳挂在机舱内部安全轨上

作业	危险点	控 制 措 施
更换发电机	高处落物	1. 进入作业现场，必须正确佩戴合格的安全帽； 2. 禁止两人同时上、下爬梯，工作服内严禁携带物品； 3. 禁止在运行风电机组叶轮旋转面内停留； 4. 禁止上、下抛掷工具
	起重伤害	1. 吊车作业应由专人指挥； 2. 使用标准的指挥手势及口令； 3. 所用吊车必须经过专业机构检验合格，吊车指挥及操作人员必须具有相关资质； 4. 根据起吊重量及提升高度选择合适吨位的吊车； 5. 工作人员禁止在吊车起重臂下、旋转半径内停留
	机械伤害	拆卸地脚、联轴器时防止划伤和碰伤
	触电	1. 将电源侧断路器断开； 2. 停电后，对检修设备进行验电； 3. 发电机进行拆线时首先进行放电，三相短接接地
	车辆事故	1. 车辆状况良好，车速限制在30km/h内； 2. 车辆应由公司准驾人员驾驶

作 业	危险点	控 制 措 施
更换发电机	设备损坏	1．选用正确、完好的吊具，锐角吊孔须用加卸扣，不允许直接用吊带； 2．拉晃绳人员必须保证晃绳始终平稳，避免发生碰撞； 3．拆下的接线要做好记录，防止恢复时误接线； 4．整个更换过程应按照作业指导书的要求进行操作； 5．使用合格的吊带，吊带规格应符合齿轮箱重量要求
	环境	1．严格执行厂家维护手册的规定作业风速； 2．环境温度低于−25℃不允许吊装作业，温度低于−40℃不允许作业； 3．雷雨、大雾天气禁止作业； 4．当风速大于 10m/s 时，注意服务吊车的使用，防止刮碰
更换发电机轴承	精神状态	合理安排工作班人员，情绪不良者禁止工作
	着火	野外、机舱内工作严禁明火，严禁吸烟
	高处坠落	1．选用合格的安全带、安全绳； 2．机舱外部工作时必须使用两条安全绳，左右挂在安全轨双支撑上； 3．使用机舱内部吊车时，应将安全绳挂在机舱内部安全轨上

作业	危险点	控 制 措 施
更换发电机轴承	高处落物	1. 进入作业现场，必须正确佩戴合格的安全帽； 2. 禁止两人同时上、下爬梯，工作服内严禁携带物品； 3. 禁止在运行风电机组叶轮旋转面内停留； 4. 禁止上、下抛掷工具
	机械伤害	更换前必须锁定轮毂、刹车盘
	烫伤	1. 使用轴承加热器时防止烫伤； 2. 安装轴承时防止烫伤
	触电	1. 工作中设置专人监护； 2. 工作过程中工作人员穿好绝缘鞋； 3. 将电源侧断路器断开； 4. 停电后，对检修设备进行验电
	车辆事故	1. 车辆状况良好，车速限制在 30km/h 内； 2. 车辆应由公司准驾人员驾驶
	设备损坏	1. 安装轴承时应避免碰撞； 2. 新安装的轴承要在轴承室内注入足够油脂

作业	危险点	控 制 措 施
更换发电机轴承	环境	1．严格执行厂家维护手册的规定作业风速； 2．环境温度低于–40℃不允许作业，温度高于37℃不允许作业； 3．雷雨、大雾天气禁止作业； 4．当风速大于10m/s时，注意服务吊车的使用，防止刮碰
更换电动机	精神状态	合理安排工作班人员，情绪不良者禁止工作
	着火	野外、机舱内工作严禁明火，严禁吸烟
	高处坠落	1．选用合格的安全带、安全绳； 2．机舱外部工作时必须使用两条安全绳，左右挂在安全轨双支撑上； 3．使用机舱内部吊车时，应将安全绳挂在机舱内部安全轨上
	高处落物	1．进入作业现场，必须正确佩戴合格的安全帽； 2．禁止两人同时上、下爬梯，工作服内严禁携带物品； 3．禁止在运行风电机组叶轮旋转面内停留； 4．禁止上、下抛掷工具
	砸伤	1．工作人员应轻抬慢放，注意用力，拿稳扶好； 2．工作时应穿防砸鞋，防止砸伤

作业	危险点	控 制 措 施
更换电动机	触电	1. 工作中设置专人监护； 2. 工作过程中工作人员戴好安全帽、穿好绝缘鞋； 3. 与带电设备保持安全距离； 4. 将电源侧断路器断开； 5. 停电后，对检修设备进行验电
	车辆事故	1. 车辆状况良好，车速限制在 30km/h 内； 2. 车辆应由公司准驾人员驾驶
	设备损坏	电动机转动轴固定键安装到位
	环境	1. 严格执行厂家维护手册的规定作业风速； 2. 环境温度低于–40℃不允许作业，温度高于 37℃不允许作业； 3. 雷雨、大雾天气禁止作业； 4. 当风速大于 10m/s 时，注意服务吊车的使用，防止刮碰
更换机舱风扇电动机	精神状态	合理安排工作班人员，情绪不良者禁止工作
	着火	野外、机舱内工作严禁明火，严禁吸烟
	高处坠落	1. 选用合格的安全带、安全绳； 2. 机舱外部工作时必须使用两条安全绳，左右挂在安全轨双支撑上； 3. 使用机舱内部吊车时，应将安全绳挂在机舱内部安全轨上

作业	危险点	控 制 措 施
更换机舱风扇电动机	高处落物	1. 进入作业现场，必须正确佩戴合格的安全帽； 2. 禁止两人同时上、下爬梯，工作服内严禁携带物品； 3. 禁止在运行风电机组叶轮旋转面内停留； 4. 禁止上、下抛掷工具
	砸伤	1. 工作人员应轻抬慢放、注意用力、拿稳扶好； 2. 工作时应穿防砸鞋，防止砸伤
	触电	1. 工作中设置专人监护； 2. 工作过程中工作人员戴好安全帽、穿好绝缘鞋； 3. 与带电设备保持安全距离； 4. 将电源侧断路器断开； 5. 停电后，对检修设备进行验电
	车辆事故	1. 车辆状况良好，车速限制在30km/h内； 2. 车辆应由公司准驾人员驾驶
	设备损坏	与电动机连接风扇需安装牢固，防止转动时脱落
	环境	1. 严格执行厂家维护手册的规定作业风速； 2. 环境温度低于−40℃不允许作业，温度高于37℃不允许作业；

作业	危险点	控　制　措　施
更换机舱风扇电动机	环境	3．雷雨、大雾天气禁止作业； 4．当风速大于 10m/s 时，注意服务吊车的使用，防止刮碰
更换空气开关、接触器、继电器	精神状态	合理安排工作班人员，情绪不良者禁止工作
	着火	野外、机舱内工作严禁明火，严禁吸烟
	高处坠落	1．选用合格的安全带、安全绳； 2．使用机舱内部吊车时，应将安全绳挂在机舱内部安全轨上
	高处落物	1．进入作业现场，必须正确佩戴合格的安全帽； 2．禁止两人同时上、下爬梯，工作服内严禁携带物品； 3．禁止在运行风电机组叶轮旋转面内停留； 4．禁止上、下抛掷工具
	触电	1．工作中设置专人监护； 2．工作过程中工作人员戴好安全帽、穿好绝缘鞋； 3．与带电设备保持安全距离； 4．将电源侧断路器断开； 5．停电后，对检修设备进行验电

作业	危险点	控 制 措 施
更换空气开关、接触器、继电器	车辆事故	1. 车辆状况良好，车速限制在 30km/h 内； 2. 车辆应由公司准驾人员驾驶
	设备损坏	1. 工作前将线号及对应接点进行记录； 2. 更换完成后检查接线是否牢固； 3. 使用相同型号、规格的备件
	环境	1. 严格执行厂家维护手册的规定作业风速； 2. 环境温度低于−40℃不允许作业，温度高于 37℃不允许作业； 3. 雷雨、大雾天气禁止作业； 4. 当风速大于 10m/s 时，注意服务吊车的使用，防止刮碰
更换模块	精神状态	合理安排工作班人员，情绪不良者禁止工作
	着火	野外、机舱内工作严禁明火，严禁吸烟
	高处坠落	1. 选用合格的安全带、安全绳； 2. 使用机舱内部吊车时，应将安全绳挂在机舱内部安全轨上
	高处落物	1. 进入作业现场，必须正确佩戴合格的安全帽； 2. 禁止两人同时上、下爬梯，工作服内严禁携带物品； 3. 禁止在运行风电机组叶轮旋转面内停留； 4. 禁止上、下抛掷工具

作业	危险点	控 制 措 施
更换模块	触电	1．工作中设置专人监护； 2．工作过程中工作人员穿好绝缘鞋； 3．与带电设备保持安全距离
	车辆事故	1．车辆状况良好，车速限制在 30km/h 内； 2．车辆应由公司准驾人员驾驶
	环境	1．严格执行厂家维护手册的规定作业风速； 2．环境温度低于–40℃不允许作业，温度高于 37℃不允许作业； 3．雷雨、大雾天气禁止作业； 4．当风速大于 10m/s 时，注意服务吊车的使用，防止刮碰
更换主回路断路器	精神状态	合理安排工作班人员，情绪不良者禁止工作
	着火	野外、机舱内工作严禁明火，严禁吸烟
	高处落物	1．进入作业现场，必须正确佩戴合格的安全帽； 2．禁止在运行风电机组叶轮旋转面内停留
	触电	1．工作中设置专人监护； 2．工作过程中工作人员穿好绝缘鞋； 3．与带电设备保持安全距离； 4．工作前断开风电机组变压器高压侧电源；

作业	危险点	控 制 措 施
更换主回路断路器	触电	5. 停电后，对检修设备进行验电； 6. 在风电机组变压器低压侧挂接地线
	车辆事故	1. 车辆状况良好，车速限制在 30km/h 内； 2. 车辆应由公司准驾人员驾驶
	设备损坏	1. 拆除前牢记各部件、接线安装位置，防止安装错误； 2. 螺栓要依照力矩要求进行紧固； 3. 正确使用工器具，工作完成后清点所带工器具，以防遗留在控制柜内造成短路接地； 4. 按原设置对断路器保护定值进行整定
	环境	1. 严格执行厂家维护手册的规定作业风速； 2. 环境温度低于−40℃不允许作业，温度高于37℃不允许作业； 3. 雷雨、大雾天气禁止作业； 4. 当风速大于10m/s时，注意服务吊车的使用，防止刮碰
更换熔断器	精神状态	合理安排工作班人员，情绪不良者禁止工作
	着火	野外、机舱内工作严禁明火，严禁吸烟

作业	危险点	控 制 措 施
更换熔断器	高处坠落	1. 选用合格的安全带、安全绳； 2. 使用机舱内部吊车时，应将安全绳挂在机舱内部安全轨上
	高处落物	1. 进入作业现场，必须正确佩戴合格的安全帽； 2. 禁止两人同时上、下爬梯，工作服内严禁携带物品； 3. 禁止在运行风电机组叶轮旋转面内停留； 4. 禁止上、下抛掷工具
	触电	1. 工作中设置专人监护； 2. 工作过程中工作人员穿好绝缘鞋； 3. 与带电设备保持安全距离； 4. 将电源侧断路器断开； 5. 停电后，对检修设备进行验电
	车辆事故	1. 车辆状况良好，车速限制在 30km/h 内； 2. 车辆应由公司准驾人员驾驶
	设备损坏	1. 设备安装牢固，防止出现虚接现象； 2. 更换熔断器时，禁止擅自变更熔断器容量

作业	危险点	控　制　措　施
更换熔断器	环境	1．严格执行厂家维护手册的规定作业风速； 2．环境温度低于–40℃不允许作业，温度高于37℃不允许作业； 3．雷雨、大雾天气禁止作业； 4．当风速大于10m/s时，注意服务吊车的使用，防止刮碰
更换IGBT	精神状态	合理安排工作班人员，情绪不良者禁止工作
	着火	野外、机舱内工作严禁明火，严禁吸烟
	高处坠落	1．选用合格的安全带、安全绳； 2．使用机舱内部吊车时，应将安全绳挂在机舱内部安全轨上
	高处落物	1．进入作业现场，必须正确佩戴合格的安全帽； 2．禁止两人同时上、下爬梯，工作服内严禁携带物品； 3．禁止在运行风电机组叶轮旋转面内停留； 4．禁止上、下抛掷工具
	触电	1．工作中设置专人监护； 2．工作过程中工作人员穿好绝缘鞋； 3．将电源侧断路器断开； 4．停电后，对检修设备进行验电

作业	危险点	控 制 措 施
更换 IGBT	车辆事故	1．车辆状况良好，车速限制在 30km/h 内； 2．车辆应由公司准驾人员驾驶
	设备损坏	1．更换前关闭水泵阀门，待冷却液全部放出后进行更换； 2．正确使用工器具，更换完毕后把各螺栓紧固好； 3．更换后系统应进行排气，保证冷却液的正常循环； 4．更换后进行测试，防止冷却水渗漏
	环境	1．严格执行厂家维护手册的规定作业风速； 2．环境温度低于–40℃不允许作业，温度高于 37℃不允许作业； 3．雷雨、大雾天气禁止作业； 4．当风速大于 10m/s 时，注意服务吊车的使用，防止刮碰
更换冷却水泵	精神状态	合理安排工作班人员，情绪不良者禁止工作
	着火	野外、机舱内工作严禁明火，严禁吸烟
	高处坠落	1．选用合格的安全带、安全绳； 2．使用机舱内部吊车时，应将安全绳挂在机舱内部安全轨上

作业	危险点	控　制　措　施
更换冷却水泵	高处落物	1. 进入作业现场，必须正确佩戴合格的安全帽； 2. 禁止两人同时上、下爬梯，工作服内严禁携带物品； 3. 禁止在运行风电机组叶轮旋转面内停留； 4. 禁止上、下抛掷工具
	冷却液腐蚀	工作中应戴橡胶手套，防止冷却液腐蚀皮肤
	触电	1. 工作中设置专人监护； 2. 工作过程中工作人员穿好绝缘鞋； 3. 将电源侧断路器断开； 4. 停电后，对检修设备进行验电
	车辆事故	1. 车辆状况良好，车速限制在 30km/h 内； 2. 车辆应由公司准驾人员驾驶
	设备损坏	1. 工作前将线号及对应接点进行记录； 2. 更换水泵后进行排气； 3. 更换后进行测试，防止冷却液渗漏
	环境	1. 严格执行厂家维护手册的规定作业风速； 2. 环境温度低于–40℃不允许作业，温度高于 37℃不允许作业；

作业	危险点	控 制 措 施
更换冷却水泵	环境	3．雷雨、大雾天气禁止作业； 4．当风速大于 10m/s 时，注意服务吊车的使用，防止刮碰
更换变压器、电抗器、电容器	精神状态	合理安排工作班人员，情绪不良者禁止工作
	着火	野外、机舱内工作严禁明火，严禁吸烟
	高处坠落	1．选用合格的安全带、安全绳； 2．使用机舱内部吊车时，应将安全绳挂在机舱内部安全轨上
	高处落物	1．进入作业现场，必须正确佩戴合格的安全帽； 2．禁止两人同时上、下爬梯，工作服内严禁携带物品； 3．禁止在运行风电机组叶轮旋转面内停留； 4．禁止上、下抛掷工具
	砸伤	1．工作人员应轻抬慢放、注意用力、拿稳扶好； 2．工作时应穿防砸鞋
	触电	1．工作中设置专人监护； 2．工作人员穿好绝缘鞋； 3．将电源侧断路器断开； 4．停电后，对检修设备进行验电； 5．停电后，对设备进行放电，防止感应电触电

作业	危险点	控 制 措 施
更换变压器、电抗器、电容器	车辆事故	1．车辆状况良好，车速限制在 30km/h 内； 2．车辆应由公司准驾人员驾驶
	设备损坏	1．更换变压器时保护好绕组； 2．按照厂家维护手册要求进行力矩紧固； 3．工作前将线号及对应接点进行记录
	环境	1．严格执行厂家维护手册的规定作业风速； 2．环境温度低于–40℃不允许作业，温度高于37℃不允许作业； 3．雷雨、大雾天气禁止作业； 4．当风速大于 10m/s 时，注意服务吊车的使用，防止刮碰
更换滑环	着火	野外、机舱内工作严禁明火，严禁吸烟
	高处坠落	1．选用合格的安全带、安全绳； 2．使用机舱内部吊车时，应将安全绳挂在机舱内部安全轨上
	高处落物	1．进入作业现场，必须正确佩戴合格的安全帽； 2．禁止两人同时上、下爬梯，工作服内严禁携带物品； 3．禁止在运行风电机组叶轮旋转面内停留； 4．禁止上、下抛掷工具

作 业	危险点	控 制 措 施
更换滑环	机械伤害	工作前锁定轮毂、激活急停按钮
	粉尘伤害	佩戴防尘口罩
	触电	1. 工作中设置专人监护； 2. 工作过程中工作人员穿好绝缘鞋； 3. 将电源侧断路器断开； 4. 停电后，对检修设备进行验电； 5. 停电后对设备进行放电，防止感应电触电
	车辆事故	1. 车辆状况良好，车速限制在 30km/h 内； 2. 车辆应由公司准驾人员驾驶
	设备损坏	1. 新滑环必须安装到位，避免连接部分和导体接触，导致接地； 2. 将滑环室内碳粉清理干净
	环境	1. 严格执行厂家维护手册的规定作业风速； 2. 环境温度低于−40℃不允许作业，温度高于 37℃不允许作业； 3. 雷雨、大雾天气禁止作业； 4. 当风速大于 10m/s 时，注意服务吊车的使用，防止刮碰
更换电刷	着火	野外、机舱内工作严禁明火，严禁吸烟

作业	危险点	控 制 措 施
更换电刷	高处坠落	1. 选用合格的安全带、安全绳； 2. 使用机舱内部吊车时，应将安全绳挂在机舱内部安全轨上
	高处落物	1. 进入作业现场，必须正确佩戴合格的安全帽； 2. 禁止两人同时上、下爬梯，工作服内严禁携带物品； 3. 禁止在运行风电机组叶轮旋转面内停留； 4. 禁止上、下抛掷工具
	机械伤害	工作前锁定轮毂、激活急停按钮
	粉尘伤害	佩戴防尘口罩
	触电	1. 工作中设置专人监护； 2. 工作过程中工作人员戴好安全帽、穿好绝缘鞋； 3. 将电源侧断路器断开； 4. 停电后，对检修设备进行验电； 5. 停电后对设备进行放电，防止感应电触电；
	车辆事故	1. 车辆状况良好，车速限制在 30km/h 内； 2. 车辆应由公司准驾人员驾驶

作业	危险点	控　制　措　施
更换电刷	设备损坏	1. 调整弹簧预紧力，使新电刷和滑环接触良好； 2. 电刷接线连接牢固； 3. 将滑环室内碳粉清理干净
	环境	1. 严格执行厂家维护手册的规定作业风速； 2. 环境温度低于–40℃不允许作业，温度高于37℃不允许作业； 3. 雷雨、大雾天气禁止作业； 4. 当风速大于10m/s时，注意服务吊车的使用，防止刮碰
更换散热片	着火	野外、机舱内工作严禁明火，严禁吸烟
	高处坠落	1. 选用合格的安全带、安全绳； 2. 机舱外部工作时必须使用两条安全绳，左右挂在安全轨双支撑上； 3. 使用机舱内部吊车时，应将安全绳挂在机舱内部安全轨上
	高处落物	1. 进入作业现场，必须正确佩戴合格的安全帽； 2. 禁止两人同时上、下爬梯，工作服内严禁携带物品； 3. 禁止在运行风电机组叶轮旋转面内停留； 4. 禁止上、下抛掷工具； 5. 机舱顶部物品放到指定位置，防止掉落

作 业	危险点	控 制 措 施
更换散热片	热油伤害	1．将散热片及油管内油放空； 2．须戴防毒面具或口罩，防止吸入油蒸汽
	车辆事故	1．车辆状况良好，车速限制在 30km/h 内； 2．车辆应由公司准驾人员驾驶
	设备损坏	安装散热片时应注意碰撞损坏设备
	环境	1．严格执行厂家维护手册的规定作业风速； 2．环境温度低于−40℃不允许作业，温度高于 37℃不允许作业； 3．雷雨、大雾天气禁止作业； 4．当风速大于 10m/s 时，注意服务吊车的使用，防止刮碰
更换风速仪	着火	野外、机舱内工作严禁明火，严禁吸烟
	高处坠落	1．选用合格的安全带、安全绳； 2．机舱外部工作时必须使用两条安全绳，左右挂在安全轨双支撑上； 3．使用机舱内部吊车时，应将安全绳挂在机舱内部安全轨上； 4．将控制器进入服务模式，防止风速仪更换后自动偏航
	高处落物	1．进入作业现场，必须正确佩戴合格的安全帽； 2．禁止两人同时上、下爬梯，工作服内严禁携带物品； 3．禁止在运行风电机组叶轮旋转面内停留；

作业	危险点	控制措施
更换风速仪	高处落物	4．禁止上、下抛掷工具； 5．机舱顶部物品放到指定位置，防止掉落
	车辆事故	1．车辆状况良好，车速限制在 30km/h 内； 2．车辆应由公司准驾人员驾驶
	设备损坏	1．自动偏航，观察机舱是否自动对风，适当调整风速仪位置，保证风电机组在最佳迎风面； 2．检查风速仪避雷支架，并紧固； 3．工作前将线号及对应接点进行记录
	环境	1．严格执行厂家维护手册的规定作业风速； 2．环境温度低于–40℃不允许作业，温度高于37℃不允许作业； 3．雷雨、大雾天气禁止作业； 4．当风速大于10m/s 时，注意服务吊车的使用，防止刮碰
更换变桨缸、反旋转轴承	着火	野外、机舱内工作严禁明火，严禁吸烟
	高处坠落	1．选用合格的安全带、安全绳； 2．使用机舱内部吊车时，应将安全绳挂在机舱内部安全轨上
	高处落物	1．进入作业现场，必须正确佩戴合格的安全帽； 2．禁止两人同时上、下爬梯，工作服内严禁携带物品；

33

作业	危险点	控 制 措 施
更换变桨缸、反旋转轴承	高处落物	3．禁止在运行风电机组叶轮旋转面内停留； 4．禁止上、下抛掷工具；
	机械伤害	1．锁定风轮，两侧锁定销须安装到位，防止脱落，安装防脱落销； 2．进轮毂前变桨到 0°，锁定球阀，触发急停按钮； 3．拆卸变桨缸前须先通过泄压阀泄压，并触发急停按钮
	油腐蚀	戴橡胶手套
	车辆事故	1．车辆状况良好，车速限制在 30km/h 内； 2．车辆应由公司准驾人员驾驶
	设备损坏	1．锁定桨叶，防止桨叶落架； 2．变桨连杆安装前涂抹油脂进行润滑； 3．按要求使用力矩扳手进行力矩紧固； 4．新安装的轴承进行注油，保证轴承室内润滑
	环境	1．严格执行厂家维护手册的规定作业风速； 2．环境温度低于–40℃不允许作业，温度高于 37℃不允许作业； 3．雷雨、大雾天气禁止作业；

続表

作业	危险点	控 制 措 施
更换变桨缸、反旋转轴承	环境	4. 当风速大于 10m/s 时，注意服务吊车的使用，防止刮碰； 5. 风速超过 15m/s，禁止进入轮毂
更换偏航滑块	着火	野外、机舱内工作严禁明火，严禁吸烟
	高处坠落	1. 选用合格的安全带、安全绳； 2. 使用机舱内部吊车时，应将安全绳挂在机舱内部安全轨上
	高处落物	1. 进入作业现场，必须正确佩戴合格的安全帽； 2. 禁止两人同时上、下爬梯，工作服内严禁携带物品； 3. 禁止在运行风电机组叶轮旋转面内停留； 4. 禁止上、下抛掷工具
	机械伤害	1. 手握在液压扳手运动反方向部位，防止挤压手指； 2. 液压油管不允许折弯，快速接头须连接完好； 3. 套筒头和力矩扳手连接须牢固； 4. 滑块与滑道之间工作时禁止伸入手指
	触电	液压扳手取电源时，须验电，戴绝缘手套，并保证连接正确可靠
	车辆事故	1. 车辆状况良好，车速限制在 30km/h 内； 2. 车辆应由公司准驾人员驾驶

35

作业	危险点	控 制 措 施
更换偏航滑块	设备损坏	1. 安装时防止异物、工具、备件遗留在摩擦面之间； 2. 按照作业指导书要求对滑块螺栓进行力矩紧固； 3. 安装完成后在滑道表面涂抹适量润滑油脂
	环境	1. 严格执行厂家维护手册的规定作业风速； 2. 环境温度低于−40℃不允许作业，温度高于37℃不允许作业； 3. 雷雨、大雾天气禁止作业； 4. 当风速大于10m/s时，注意服务吊车的使用，防止刮碰
更换偏航计数器	着火	野外、机舱内工作严禁明火，严禁吸烟
	高处坠落	1. 选用合格的安全带、安全绳； 2. 使用机舱内部吊车时，应将安全绳挂在机舱内部安全轨上
	高处落物	1. 进入作业现场，必须正确佩戴合格的安全帽； 2. 禁止两人同时上、下爬梯，工作服内严禁携带物品； 3. 禁止在运行风电机组叶轮旋转面内停留； 4. 禁止上、下抛掷工具
	车辆事故	1. 车辆状况良好，车速限制在30km/h内； 2. 车辆应由公司准驾人员驾驶

作业	危险点	控 制 措 施
更换偏航计数器	设备损坏	1．手动偏航将动力电缆完全解缆； 2．新的偏航计数器按照图纸要求调到初始位置； 3．自动偏航检查电缆绞缆情况； 4．工作前将线号及对应接点进行记录
	环境	1．严格执行厂家维护手册的规定作业风速； 2．环境温度低于–40℃不允许作业，温度高于37℃不允许作业； 3．雷雨、大雾天气禁止作业； 4．当风速大于10m/s时，注意服务吊车的使用，防止刮碰
更换偏航减速器	着火	野外、机舱内工作严禁明火，严禁吸烟
	高处坠落	1．选用合格的安全带、安全绳； 2．使用机舱内部吊车时，应将安全绳挂在机舱内部安全轨上
	高处落物	1．进入作业现场，必须正确佩戴合格的安全帽； 2．禁止两人同时上、下爬梯，工作服内严禁携带物品； 3．禁止在运行风电机组叶轮旋转面内停留； 4．禁止上、下抛掷工具
	砸伤	搬运偏航减速器时防止设备砸伤工作人员

作业	危险点	控　制　措　施
更换偏航减速器	油腐蚀	接触油品时应戴橡胶手套，防毒面具或口罩
	车辆事故	1．车辆状况良好，车速限制在 30km/h 内； 2．车辆应由公司准驾人员驾驶
	设备损坏	1．吊带应完好无破损，保证安全系数，不得超载使用； 2．绑扎固定应牢固； 3．使用导链时用力均匀，不可突然发力； 4．吊环应拧紧到根部，防止由于丝杆长没有拧到位，而导致丝杆弯曲断裂； 5．应选择牢固的挂点安装吊环
	环境	1．严格执行厂家维护手册的规定作业风速； 2．环境温度低于−40℃不允许作业，温度高于 37℃不允许作业； 3．雷雨、大雾天气禁止作业； 4．当风速大于 10m/s 时，注意服务吊车的使用，防止刮碰
更换液压阀	精神状态	合理安排工作班人员，情绪不良者禁止工作
	着火	野外、机舱内工作严禁明火，严禁吸烟

作业	危险点	控 制 措 施
更换液压阀	高处坠落	1. 选用合格的安全带、安全绳； 2. 使用机舱内部吊车时，应将安全绳挂在机舱内部安全轨上
	高处落物	1. 进入作业现场，必须正确佩戴合格的安全帽； 2. 禁止两人同时上、下爬梯，工作服内严禁携带物品； 3. 禁止在运行风电机组叶轮旋转面内停留； 4. 禁止上、下抛掷工具
	机械伤害	更换前将液压站泄压，激活急停按钮
	油腐蚀	接触油品时应戴橡胶手套、防毒面具或口罩
	触电	1. 工作中设置专人监护； 2. 工作过程中工作人员穿好绝缘鞋； 3. 与带电设备保持安全距离； 4. 将电源侧断路器断开； 5. 停电后，对检修设备进行验电
	车辆事故	1. 车辆状况良好，车速限制在 30km/h 内； 2. 车辆应由公司准驾人员驾驶

作业	危险点	控 制 措 施
更换液压阀	设备损坏	1．保证液压阀体的清洁，避免杂物流入液压站内； 2．不得随意调整阀体控制范围
	环境	1．严格执行厂家维护手册的规定作业风速； 2．环境温度低于–40℃不允许作业，温度高于37℃不允许作业； 3．雷雨、大雾天气禁止作业； 4．当风速大于10m/s时，注意服务吊车的使用，防止刮碰
更换油管	精神状态	合理安排工作班人员，情绪不良者禁止工作
	着火	野外、机舱内工作严禁明火，严禁吸烟
	高处坠落	1．选用合格的安全带、安全绳； 2．使用机舱内部吊车时，应将安全绳挂在机舱内部安全轨上
	高处落物	1．进入作业现场，必须正确佩戴合格的安全帽； 2．禁止两人同时上、下爬梯，工作服内严禁携带物品； 3．禁止在运行风电机组叶轮旋转面内停留； 4．禁止上、下抛掷工具
	机械伤害	1．更换前将液压站泄压，激活急停按钮； 2．严禁在打压时正面观察油管，防止油管崩裂

作业	危险点	控 制 措 施
更换油管	油腐蚀	接触油品时应戴橡胶手套、防毒面具或口罩
	触电	1．工作中设置专人监护； 2．工作过程中工作人员穿好绝缘鞋； 3．与带电设备保持安全距离； 4．将电源侧断路器断开； 5．停电后，对检修设备进行验电
	车辆事故	1．车辆状况良好，车速限制在30km/h内； 2．车辆应由公司准驾人员驾驶
	设备损坏	1．保证液压油管接头的清洁，避免杂物流入液压站内； 2．油管不能折弯，防止损坏油管； 3．在新更换的油管接头处涂抹密封胶，防止渗油
	环境	1．严格执行厂家维护手册的规定作业风速； 2．环境温度低于−40℃不允许作业，温度高于37℃不允许作业； 3．雷雨、大雾天气禁止作业； 4．当风速大于10m/s时，注意服务吊车的使用，防止刮碰
更换刹车卡钳	精神状态	合理安排工作班人员，情绪不良者禁止工作

作业	危险点	控 制 措 施
更换刹车卡钳	着火	野外、机舱内工作严禁明火，严禁吸烟
	高处坠落	1. 选用合格的安全带、安全绳； 2. 使用机舱内部吊车时，应将安全绳挂在机舱内部安全轨上
	高处落物	1. 进入作业现场，必须正确佩戴合格的安全帽； 2. 禁止两人同时上、下爬梯，工作服内严禁携带物品； 3. 禁止在运行风电机组叶轮旋转面内停留； 4. 禁止上、下抛掷工具
	机械伤害	1. 更换前将液压站泄压，激活急停按钮； 2. 严禁在打压时正面观察油管，防止油管崩裂
	油腐蚀	接触油品时应戴橡胶手套、防毒面具或口罩
	触电	1. 工作中设置专人监护； 2. 工作过程中工作人员穿好绝缘鞋； 3. 与带电设备保持安全距离； 4. 将电源侧断路器断开； 5. 停电后，对检修设备进行验电
	车辆事故	1. 车辆状况良好，车速限制在 30km/h 内； 2. 车辆应由公司准驾人员驾驶

作业	危险点	控 制 措 施
更换刹车卡钳	设备损坏	1. 保证液压油管接头的清洁，避免杂物流入液压站内； 2. 油管不能折弯，防止损坏油管； 3. 在新更换的油管接头处涂抹密封胶，防止渗油； 4. 对新更换的刹车卡钳进行排气； 5. 触发急停按钮，观察刹车是否正常工作
	环境	1. 严格执行厂家维护手册的规定作业风速； 2. 环境温度低于–40℃不允许作业，温度高于37℃不允许作业； 3. 雷雨、大雾天气禁止作业； 4. 当风速大于10m/s时，注意服务吊车的使用，防止刮碰
更换电缆固定附件（护套）	精神状态	合理安排工作班人员，情绪不良者禁止工作
	着火	野外、机舱内工作严禁明火，严禁吸烟
	高处坠落	1. 选用合格的安全带、安全绳； 2. 使用机舱内部吊车时，应将安全绳挂在机舱内部安全轨上
	高处落物	1. 进入作业现场，必须正确佩戴合格的安全帽； 2. 禁止两人同时上、下爬梯，工作服内严禁携带物品； 3. 禁止在运行风电机组叶轮旋转面内停留；

作业	危险点	控 制 措 施
更换电缆固定附件（护套）	高处落物	4. 禁止上、下抛掷工具； 5. 将破损的电缆护套拆下，装入所带工具桶内； 6. 更换电缆护套时塔筒内不得有人员停留
	触电	1. 工作中设置专人监护； 2. 工作过程中工作人员戴好安全帽、穿好绝缘鞋； 3. 将电源侧断路器断开； 4. 停电后，对检修设备进行验电
	车辆事故	1. 车辆状况良好，车速限制在 30km/h 内； 2. 车辆应由公司准驾人员驾驶
	设备损坏	1. 新电缆护套固定时防止划伤主电缆； 2. 绑扎牢固
	环境	1. 严格执行厂家维护手册的规定作业风速； 2. 环境温度低于–40℃不允许作业，温度高于37℃不允许作业； 3. 雷雨、大雾天气禁止作业； 4. 当风速大于 10m/s 时，注意服务吊车的使用，防止刮碰
发电机绝缘测量	着火	野外、机舱内工作严禁明火，严禁吸烟

作业	危险点	控 制 措 施
发电机绝缘测量	高处坠落	1. 选用合格的安全带、安全绳； 2. 使用机舱内部吊车时，应将安全绳挂在机舱内部安全轨上
	高处落物	1. 进入作业现场，必须正确佩戴合格的安全帽； 2. 禁止两人同时上、下爬梯，工作服内严禁携带物品； 3. 禁止在运行风电机组叶轮旋转面内停留； 4. 禁止上、下抛掷工具
	机械伤害	打开发电机后端盖前锁定轮毂、激活急停按钮
	粉尘伤害	拆卸滑环前佩戴防尘口罩
	触电	1. 工作中设置专人监护； 2. 工作过程中工作人员穿好绝缘鞋； 3. 将电源侧断路器断开； 4. 停电后，对检修设备进行验电； 5. 停电后，对设备进行放电，防止感应电触电； 6. 试验仪器良好接地，戴手套
	车辆事故	1. 车辆状况良好，车速限制在 30km/h 内； 2. 车辆应由公司准驾人员驾驶

作业	危险点	控 制 措 施
发电机绝缘测量	设备损坏	1. 选择正确的电压等级进行测量； 2. 测量数据做好记录，以便参考分析； 3. 做好拆线记录，测量完毕后恢复设备原状
	环境	1. 严格执行厂家维护手册的规定作业风速； 2. 环境温度低于-40℃不允许作业，温度高于37℃不允许作业； 3. 雷雨、大雾天气禁止作业； 4. 当风速大于10m/s时，注意服务吊车的使用，防止刮碰
电气回路测量	着火	野外、机舱内工作严禁明火，严禁吸烟
	高处坠落	1. 选用合格的安全带、安全绳； 2. 使用机舱内部吊车时，应将安全绳挂在机舱内部安全轨上
	高处落物	1. 进入作业现场，必须正确佩戴合格的安全帽； 2. 禁止两人同时上、下爬梯，工作服内严禁携带物品； 3. 禁止在运行风电机组叶轮旋转面内停留； 4. 禁止上、下抛掷工具
	触电	1. 工作中设置专人监护；

作业	危险点	控 制 措 施
电气回路测量	触电	2. 工作过程中工作人员穿好绝缘鞋； 3. 将电源侧断路器断开，如需带电测量，保持与带电部位的安全距离； 4. 试验仪器良好接地，戴手套； 5. 停电后，对检修设备进行验电； 6. 停电后，对设备进行放电，防止感应电触电
	车辆事故	1. 车辆状况良好，车速限制在 30km/h 内； 2. 车辆应由公司准驾人员驾驶
	设备损坏	1. 选择正确的仪表； 2. 选择正确的测量挡位
	环境	1. 严格执行厂家维护手册的规定作业风速； 2. 环境温度低于–40℃不允许作业，温度高于37℃不允许作业； 3. 雷雨、大雾天气禁止作业； 4. 当风速大于 10m/s 时，注意服务吊车的使用，防止刮碰
风电机组 叶片维修	化学腐蚀	1. 穿好化学防护服； 2. 正确使用防护用品

作业	危险点	控 制 措 施
风电机组叶片维修	触电	1．正确佩戴安全帽，穿绝缘鞋，戴防护手套； 2．使用电气工具要检查确认其安全合格，并配备漏电保护器； 3．吊车架设地点，要与电力架空线路保持足够安全距离
	高处坠落	1．人员应按要求穿防滑性能好的工作鞋、系好安全带，并确认安全带完好可靠； 2．工作人员无高血压等妨碍高空作业的疾病，行动敏捷、精神状态良好、有高空作业经验
	高处落物	1．现场工作必须正确佩戴安全帽； 2．工器具使用时要用绳拴牢，使用后，要放入工具箱内，材料使用后放回指定地点，防止脱落； 3．吊臂下方周围附近严禁人员通过和驻留
	着火	1．禁止携带火种进入工作现场； 2．工作现场严禁明火，严禁吸烟
	损伤叶片	1．确认风电机组已按下急停按钮并悬挂"禁止操作，有人工作"警示牌、轮毂机械锁销已锁定，方可工作； 2．由专业起重人员指挥，统一指挥口令和手势，当联络信息不明确时，要沟通明确后方可执行；

作业	危险点	控 制 措 施
风电机组叶片维修	损伤叶片	3．确认叶片检修完成，吊车远离风电机组后，方可解除机械锁销，启动风电机组； 4．检修平台朝向桨叶一面要用海绵缠绕； 5．检修平台接近叶片时要缓慢操作，逐渐靠近，避免发生碰撞； 6．叶片故障点打磨处理时，要小心操作，细致观察，避免扩大故障
	起重机械损坏	1．吊车及司机证件齐全、有效，车辆、检修平台、吊具等设备状况完好； 2．吊车架装要选择合适的地点，支点坚实稳固； 3．吊车工作时，司机及检修平台拉绳人员要严守操作岗位，认真听从指挥； 4．遇雷、雨、雪、大雾及风速超过10m/s的天气，要停止作业
	环境污染	废旧材料妥善回收处理，化学废料要进行无害回收处理

第二篇

变电站部分

任务	危险点	控 制 措 施
变压器巡检	触电	1．进入变电站必须穿绝缘鞋并戴安全帽； 2．与带电设备保持安全距离，严禁误触误碰带电设备； 3．雷雨天气禁止进入变电站内； 4．未经允许，不准随意进入网门内
	摔伤、跌伤	1．巡视时注意看路，走在盖板上应检查盖板完整； 2．雪天巡视穿绝缘胶鞋，慢行，并及时清雪； 3．夜间巡视要保证变电站有充足的照明，并携带亮度合格的照明器具； 4．上下台阶时，应抓好扶手慢行
	落物伤人	1．认真检查设备，发现有不牢固的及时联系处理； 2．冰雪天气巡视严禁在有结冰部位下行走； 3．检查设备必须戴合格的安全帽
	套管爆炸伤人	巡视时戴好安全帽，未采取可靠措施前不得靠近异常设备
	变压器着火	1．巡视中发现变压器有漏油渗油现象要立即汇报处理； 2．严禁在变压器附近吸烟和进行动火工作； 3．检查设备端子箱内接线无松动和灼伤现象； 4．检查端子箱内加热器运行正常无过热现场

任务	危险点	控 制 措 施
高压断路器巡检	触电	1．进入变电站必须穿绝缘鞋并戴安全帽； 2．与带电设备保持安全距离，严禁误触误碰带电设备； 3．雷雨天气禁止进入变电站内
	摔伤、跌伤	1．巡视时注意看路，走在盖板上应检查盖板完整； 2．雪天巡视穿绝缘胶鞋，慢行，及时清雪； 3．夜间巡视要保证变电站有充足的照明，并携带亮度合格的照明器具； 4．上下台阶时，应抓好扶手慢行
	落物伤人	1．认真检查设备，发现有不牢固的及时联系处理； 2．冰雪天气巡视严禁在有结冰部位下行走； 3．检查设备必须戴合格的安全帽
	设备爆炸伤人	1．设备进行操作过程中严禁靠近； 2．巡视时戴好安全帽，未采取可靠措施前不得靠近异常设备
	中毒	巡视发生异常的 SF_6 开关时应戴好防毒面具，并站在上风口
	机构箱着火	1．检查设备机构箱内接线无松动和灼伤现象； 2．检查机构箱内加热器运行正常无过热现象

任务	危险点	控 制 措 施
隔离开关巡检	触电	1．进入变电站必须穿绝缘鞋并戴安全帽； 2．与带电设备保持安全距离，严禁误触误碰； 3．雷雨天气禁止进入变电站内
	摔伤、跌伤	1．巡视时注意看路，走在盖板上应检查盖板完整； 2．雪天巡视穿绝缘胶鞋，慢行，及时清雪； 3．夜间巡视要保证变电站有充足的照明，并携带亮度合格的照明器具； 4．上下台阶时，应抓好扶手慢行
	落物伤人	1．认真检查设备，发现有不牢固的及时联系处理； 2．冰雪天气巡视严禁在有结冰部位下行走； 3．检查设备必须戴合格的安全帽
	机构箱着火	1．检查设备机构箱内接线无松动和灼伤现象； 2．检查机构箱内加热器运行正常，发现异常，立即汇报处理
电流互感器巡检	触电	1．进入变电站必须穿绝缘鞋并戴安全帽； 2．与带电设备保持安全距离，严禁误触误碰； 3．雷雨天气禁止进入变电站内
	摔伤、跌伤	1．巡视时注意看路，走在盖板上应检查盖板完整； 2．雪天巡视穿绝缘胶鞋，慢行，及时清雪；

任务	危险点	控　制　措　施
电流互感器巡检	摔伤、跌伤	3．夜间巡视要保证变电站有充足的照明，并携带亮度合格的照明器具； 4．上下台阶时，应抓好扶手慢行
	落物伤人	1．认真检查设备，发现有不牢固的及时联系处理； 2．冰雪天气巡视严禁在有结冰部位下行走； 3．检查设备必须戴合格的安全帽
	爆炸伤人	1．巡视时戴好安全帽，未采取可靠措施前不得靠近异常设备； 2．检查电流互感器二次端子无开路现象
电压互感器巡检	触电	1．进入变电站必须穿绝缘鞋并戴安全帽； 2．与带电设备保持安全距离，严禁误触误碰； 3．雷雨天气禁止进入变电站内
	摔伤、跌伤	1．巡视时注意看路，走在盖板上应检查盖板完整； 2．雪天巡视穿绝缘胶鞋，慢行，及时清雪； 3．夜间巡视要保证变电站有充足的照明，并携带亮度合格的照明器具； 4．上下台阶时，应抓好扶手慢行
	落物伤人	1．检查设备必须戴合格的安全帽； 2．认真检查设备，发现有不牢固的及时联系处理； 3．冰雪天气巡视严禁在有结冰部位下行走

任务	危险点	控 制 措 施
电压互感器巡检	爆炸伤人	1. 巡视时戴好安全帽，未采取可靠措施前不得靠近异常设备； 2. 发现电压互感器严重异常，应立即汇报并立即停止运行
母线巡检	触电	1. 进入变电站必须穿绝缘鞋并戴安全帽； 2. 与带电设备保持安全距离，严禁误触误碰； 3. 雷雨天气禁止进入变电站内
	摔伤、跌伤	1. 巡视时注意看路，走在盖板上应检查盖板完整； 2. 雪天巡视穿绝缘胶鞋，慢行，及时清雪； 3. 夜间巡视要保证变电站有充足的照明，并携带亮度合格的照明器具； 4. 上下台阶时，应抓好扶手慢行
	落物伤人	1. 认真检查设备，发现有不牢固的及时联系处理； 2. 冰雪天气巡视严禁在有结冰部位下行走； 3. 检查设备必须戴合格的安全帽
避雷器巡检	触电	1. 进入变电站必须穿绝缘鞋并戴安全帽； 2. 与带电设备保持安全距离，严禁误触误碰； 3. 雷雨天气禁止进入变电站内

任务	危险点	控 制 措 施
避雷器巡检	摔伤、跌伤	1．巡视时注意看路，走在盖板上应检查盖板完整； 2．雪天巡视穿绝缘胶鞋，慢行，及时清雪； 3．夜间巡视要保证变电站有充足的照明，并携带亮度合格的照明器具； 4．上下台阶时，应抓好扶手慢行
	落物伤人	1．认真检查设备，发现有不牢固的及时联系处理； 2．冰雪天气巡视严禁在有结冰部位下行走； 3．检查设备必须戴合格的安全帽
	爆炸伤人	巡视时戴好安全帽，未采取可靠措施前不得靠近异常设备
无功补偿装置巡检	触电	1．进入变电站必须穿绝缘鞋并戴安全帽； 2．与带电设备保持安全距离，严禁误触误碰带电设备； 3．雷雨天气禁止进入变电站内； 4．未经允许，不准随意进入网门内
	摔伤、跌伤	1．巡视时注意看路，走在盖板上应检查盖板完整； 2．雪天巡视穿绝缘胶鞋，慢行，并及时清雪； 3．夜间巡视要保证变电站有充足的照明，并携带亮度合格的照明器具； 4．上下台阶时，应抓好扶手慢行

任务	危险点	控 制 措 施
无功补偿装置巡检	落物伤人	1. 认真检查设备，发现有不牢固的及时联系处理； 2. 冰雪天气巡视严禁在有结冰部位下行走； 3. 检查设备必须戴合格的安全帽
	爆炸伤人	1. 巡视时戴好安全帽，未采取可靠措施前不得靠近异常设备； 2. 巡检时发现电容器有漏油现象，立即汇报处理； 3. 装置在进行自动调节时严禁靠近设备围栏
	设备着火	1. 巡视中发现调压变压器有漏油渗油现象要立即汇报处理； 2. 巡检时发现电容器有漏油现象，立即汇报处理
保护屏巡检	触电	1. 进入保护屏室必须穿绝缘鞋并戴安全帽； 2. 与带电设备保持安全距离，严禁误触误碰
	摔伤、跌伤	1. 巡视时注意看路，走在盖板上应检查盖板完整； 2. 夜间巡视要保证室内有充足的照明； 3. 上下台阶时，应抓好扶手慢行
直流系统巡检	人身触电	1. 进入保护屏室必须穿绝缘鞋并戴安全帽； 2. 与带电设备保持安全距离，严禁误触误碰

任务	危险点	控 制 措 施
直流系统巡检	摔伤、跌伤	1. 巡视时注意看路，走在盖板上应检查盖板完整； 2. 雪天巡视穿绝缘胶鞋，慢行，及时清雪； 3. 夜间巡视要保证室内有充足的照明； 4. 上下台阶时，应抓好扶手慢行
	电池爆炸伤人	巡视时戴好安全帽，未采取可靠措施前不得靠近异常设备
380V 动力盘巡检	触电	1. 进入保护屏室必须穿绝缘鞋并戴安全帽； 2. 与带电设备保持安全距离，严禁误触误碰； 3. 雷雨天气禁止进入变电站内； 4. 未经许可严禁打开屏柜后门
	摔伤、跌伤	1. 巡视时注意看路，走在盖板上应检查盖板完整； 2. 雪天巡视穿绝缘胶鞋，慢行，及时清雪； 3. 夜间巡视要保证室内有充足的照明； 4. 上下台阶时，应抓好扶手慢行
电缆夹层巡检	触电	1. 进入电缆夹层必须穿绝缘鞋并戴安全帽； 2. 与带电设备保持安全距离，严禁误触误碰； 3. 雷雨天气禁止进入变电站内

任务	危险点	控 制 措 施
电缆夹层巡检	撞伤、跌伤	1．巡视时注意看支架，防止头碰电缆沟支架； 2．夜间巡视要保证电缆夹层内有充足的照明，并携带亮度合格的照明器具； 3．上下台阶时，应抓好扶手慢行
	落物伤人	认真检查设备，发现有不牢固的及时联系处理
	电缆着火	巡视时注意检查电缆温度，发现异常，立即联系处理
配电室巡检	触电	1．进入配电室必须穿绝缘鞋并戴安全帽； 2．与带电设备保持安全距离，严禁误触误碰； 3．在高压配电开关柜周围铺设绝缘垫，巡检时走在绝缘垫上
	摔伤、跌伤	1．巡视时注意看路，走在盖板上应检查盖板完整； 2．夜间巡视要保证配电室内有充足的照明，并携带亮度合格的照明器具； 3．上下台阶时，应抓好扶手慢行
	落物伤人	1．认真检查设备，发现有不牢固的及时联系处理； 2．检查设备必须戴合格的安全帽

任务	危险点	控 制 措 施
线路巡检	触电	1. 线路巡视期间必须佩戴安全帽并穿绝缘鞋； 2. 严禁随意攀爬线路杆塔； 3. 当线路发生接地时室外不得靠近故障点 8m 以内； 4. 与线路带电部分保持安全距离； 5. 不得随意进入风电机组变压器围栏内； 6. 雷雨天气严禁进行线路巡视工作
	落物伤人	1. 认真检查设备，发现有不牢固的及时联系处理； 2. 巡视期间必须正确佩戴安全帽； 3. 巡视线路时要在导线上风向进行
	中暑	高温天气要做好个人的防暑工作
	跌伤、摔伤	1. 巡视时注意看路； 2. 雪天巡视穿绝缘胶鞋，慢行； 3. 夜间巡视要携带亮度合格的照明器具
	冻伤	寒冷天气巡视必须做好个人的防寒措施
	毒蛇、毒虫咬伤	巡视设备时，正确着装，严禁穿露脚趾的鞋

任务	危险点	控 制 措 施
线路巡检	草原着火	1. 严禁在草原吸烟； 2. 巡视车辆上必须配备灭火设备； 3. 严禁在草原上进行动火工作； 4. 车辆必须配备防火罩
	车辆事故	1. 巡视出车前必须对车辆进行安全检查； 2. 车辆驾驶员必须由公司规定的专业驾驶员进行； 3. 车辆行驶时必须在风电机组道路上，严禁压草场； 4. 极端恶劣天气情况下严禁出行； 5. 车辆出行时要确保车速在 30km/h 以内
变压器 安装及大修	触电	1. 工作地点要装设全封闭围栏，并悬挂安全警告牌； 2. 设专责监护人，防止走错间隔； 3. 接触无明显断开点的低压电器前必须进行验电； 4. 施工现场使用的电源盘、配电箱需配置漏电保护器； 5. 防止重物辗压和油污浸蚀临时电源线； 6. 禁止带电拆、接临时电源线； 7. 禁止使用不合格的电缆线和负荷开关； 8. 电动工具经检验合格，并且外壳可靠接地；

任务	危险点	控 制 措 施
变压器安装及大修	触电	9. 使用电动工具时必须穿绝缘鞋，戴绝缘手套； 10. 吊车与架空线路保持足够的安全距离，并设专人监护
	高处坠落	1. 高处作业人员应正确使用合格安全带，穿防滑性能好的软底绝缘鞋； 2. 工作中使用的吊车必须经专业机构检验合格，并且必须由具有相应资质的人员操作； 3. 设专责监护人，避免高处作业人员工作地点转移时忘记使用安全带
	高处落物	1. 进入施工现场必须戴好安全帽； 2. 高处作业人员应使用工具袋，不准投掷工具和材料，需要上下传递工具材料时应使用传递绳； 3. 设备起吊过程中，任何人不得在吊臂和重物的下面行走或停留； 4. 统一指挥，协调工作，尽量避免交叉作业
	机械伤害	1. 正确选择和使用合格的工器具； 2. 起重作业由专业人员统一指挥，在物件起吊、吊车转杆前必须做好瞭望，并设专人监护； 3. 工作中严禁戴手套使用大锤，工作范围内严禁站人
	飞溅物伤害	1. 电焊、气焊及切割作业，工作人员应正确着装，戴好安全防护用品；

任务	危险点	控 制 措 施
变压器安装及大修	飞溅物伤害	2．焊工清理焊渣时必须戴上白光护目镜，并避免对着自己和其他人的方向敲打焊渣； 3．使用砂轮、角向磨光机、切割机时应戴防护眼镜，操作人员应站在旋转设备的侧面； 4．不准用砂轮侧面研磨，不允许用角向磨光机、切割机代替砂轮机进行物件打磨
	着火	1．工作场所附近禁止进行电焊、气焊等易产生明火的作业； 2．现场必须储备足量的消防器材； 3．滤油机运行时要设专人值守； 4．工作场所严禁吸烟
	机械、设备损坏	1．起重机械和起重工具经专业机构检验合格后方可使用； 2．起重作业由专业人员统一指挥，起重机械由具备相应资质的人进行操作； 3．在物件起吊、吊车转杆前必须做好瞭望，并设专人监护； 4．根据负载确定起吊吨位、起吊高度，吊车的支撑腿必须牢固，受力均匀，防止吊车倾倒； 5．起吊重物需要专用吊环的，起吊前检查所使用的吊环拧入深度要达到安全要求；

任务	危险点	控 制 措 施
变压器 安装及大修	机械、设备损坏	6. 起吊用钢丝绳无断股和其他缺陷，依据起吊负荷质量选择合适的钢丝绳，不得超载使用； 7. 吊装瓷质设备尽量使用尼龙吊带，吊带选择合适，严禁使用表面破损的吊带； 8. 吊装作业时需要将两根（及以上）尼龙吊带连接使用时，必须使用卸扣连接； 9. 吊装过程中吊绳与吊物之间棱角要加装软质衬垫； 10. 在瓷质设备上工作，必须正确使用电工安全带，严禁使用带金属挂环的其他类（架工、线路工）安全带； 11. 工作中严禁上下抛掷物品，需要上下传递物品时应使用传递绳； 12. 禁止歪拉斜吊，用力砸击等野蛮作业行为
变压器定检	触电	1. 接触无明显断开点的低压电器设备前必须进行验电； 2. 主变压器高低压两侧做好接地，工作地点要装设全封闭围栏，并悬挂安全警告牌； 3. 设专责监护人，防止走错间隔； 4. 施工现场使用的电源盘、配电箱需配置漏电保护器； 5. 防止重物辗压和油污浸蚀临时电源线； 6. 禁止带电拆、接临时电源线；

任务	危险点	控 制 措 施
变压器定检	触电	7．禁止使用不合格的电缆线和负荷开关； 8．电动工具经检验合格，并且外壳可靠接地； 9．使用电动工具时须穿绝缘鞋，戴绝缘手套； 10．斗臂车架设远离架空线路，与带电设备保持安全距离，并设专人监护
	高处坠落	1．高处作业人员应正确使用合格安全带，穿防滑性能好的软底绝缘鞋； 2．高处作业使用的斗臂车必须经专业机构检验合格，并且必须由具有相应资质的人员操作； 3．设专责监护人，避免高处作业人员工作地点转移时忘记使用安全带
	高处落物伤害	1．进入施工现场必须戴好安全帽； 2．高处作业人员应使用工具袋，不准投掷工具和材料，上下传递工具材料时应使用传递绳； 3．设备起吊过程中，任何人不得在吊臂和重物的下面行走或停留； 4．统一指挥，协调工作，尽量避免交叉作业
	机械伤害	1．正确选择和使用合格的工器具； 2．工作中严禁戴手套使用大锤，工作范围内严禁站人； 3．拆卸冷却器风扇电机前，确保电机动力电源开关处于断开位置；

任务	危险点	控 制 措 施
变压器定检	机械伤害	4．斗臂车由专业人员进行操作，起降、回转前必须做好瞭望，并设专人监护
	飞溅物伤害	1．电焊、气焊及切割作业，工作人员应正确着装，戴好安全防护用品； 2．焊工清理焊渣时必须戴上白光护目镜，并避免对着自己和其他人的方向敲打焊渣； 3．使用砂轮、角向磨光机、切割机时应戴防护眼镜，操作人员应站在旋转设备的侧面； 4．不准用砂轮侧面研磨，不允许用角向磨光机、切割机代替砂轮机进行物件打磨
	着火	1．工作场所附近禁止进行电焊、气焊等易产生明火的作业； 2．现场必须储备足量的消防器材； 3．滤油机运行时要由专人值守； 4．工作场所严禁吸烟
	设备损坏	1．严禁作业人员攀爬变压器套管，需要在其上面工作，应使用高空作业斗臂车或搭设脚手架； 2．工作中使用的高空作业斗臂车必须经专业机构检验合格；

任务	危险点	控　制　措　施
变压器定检	设备损坏	3．斗臂车由专业人员进行操作，起降、回转前必须做好瞭望，并设专人监护； 4．凡是在变压器高低压侧套管、中性点套管等瓷质设备上的作业人员，必须使用电工安全带，严禁使用带金属挂环的其他类（架工、线路工）安全带； 5．工作中严禁上下抛掷物品，需要上下传递物品时应使用传递绳； 6．工作中需要拆卸螺栓时，要使用合格的固定扳手，严禁使用活扳手拆卸常规螺栓； 7．拆接主变压器高压侧套管引线时，工作人员用力适中，严禁外力作用使套管出现晃动现象
断路器的安装及大修	触电	1．断路器两端隔离开关在断开位置，并合上接地刀闸； 2．工作地点要装设全封闭围栏，并悬挂安全警告牌； 3．设专责监护人，防止走错间隔； 4．施工现场使用的电源盘、配电箱需配置漏电保护器； 5．防止重物辗压和油污浸蚀临时电源线； 6．禁止带电拆、接临时电源线； 7．禁止使用不合格的电缆线和负荷开关；

任务	危险点	控 制 措 施
断路器的安装及大修	触电	8．电动工具经检验合格，并且外壳可靠接地； 9．使用电动工具时须穿绝缘鞋，戴绝缘手套； 10．吊车与架空线路保持足够的安全距离，并设专人监护
	高处坠落	1．高处作业人员应正确使用合格安全带，穿防滑性能好的软底绝缘鞋； 2．工作中使用的吊车必须经专业机构检验合格，并且必须由具有相应资质的人员操作； 3．设专责监护人，避免高处作业人员工作地点转移时忘记使用安全带
	高处落物伤害	1．任何人进入施工现场都必须戴好安全帽； 2．高处作业人员应使用工具袋，不准投掷工具和材料；上下传递工具材料时应使用传递绳； 3．设备起吊过程中，任何人不得在吊臂和重物的下面行走或停留； 4．统一指挥，协调工作，尽量避免交叉作业
	机械伤害	1．正确选择和使用合格的工器具； 2．起重作业由专业人员统一指挥，在物件起吊、吊车转杆前必须做好瞭望，并设专人监护； 3．工作中严禁戴手套使用大锤，工作范围内严禁站人； 4．对于弹簧机构，在没有将储能机构释放前，严禁在机构内进行工作；

任务	危险点	控 制 措 施
断路器的安装及大修	机械伤害	5. 对于液压机构，进行机构内部高压管路作业时，要将机构油压释放到零
	飞溅物伤害	1. 电焊、气焊及切割作业，工作人员应正确着装，戴好安全防护用品； 2. 焊工清理焊渣时必须戴上白光护目镜，并避免对着自己和其他人的方向敲打焊渣； 3. 使用砂轮、角向磨光机、切割机时应戴防护眼镜，操作人员应站在旋转设备的侧面； 4. 不准用砂轮侧面研磨，不允许用角向磨光机、切割机代替砂轮机进行物件打磨
	着火	1. 在可能引起着火的场所附近进行电焊、气焊等易产生明火的作业； 2. 现场必须储备足量的消防器材； 3. 现场严禁吸烟
	设备损坏	1. 起重机械和起重工具经专业机构检验合格后方可使用； 2. 起重作业专人指挥，起重司索人员必须经由专业机构培训考试合格并取得作业许可证的人员担任； 3. 起重作业由专业人员统一指挥，在物件起吊、吊车转杆前必须做好瞭望，并设专人监护；

任务	危险点	控制措施
断路器的安装及大修	设备损坏	4. 根据负载确定起吊吨位、起吊高度，吊车的支撑腿必须牢固，受力均匀，并有防倾斜措施； 5. 起吊重物需要专用吊环的，起吊前检查所使用的吊环拧入深度要达到安全要求； 6. 起吊用钢丝绳无断股和其他缺陷，依据起吊负荷质量选择合适的钢丝绳，不得超载使用； 7. 吊装支持绝缘子、灭弧室等瓷质设备应使用尼龙吊带，吊带选择合适，严禁使用表面破损的吊带； 8. 吊装作业时需要将两根（及其以上）尼龙吊带连接使用时，必须使用卸扣连接； 9. 吊装过程中吊绳与吊物之间棱角要加装软质衬套； 10. 拆接一次引线工作人员必须使用合格的工具，避免使用活扳手拆卸螺栓； 11. 凡是在开关支持绝缘子、灭弧室等瓷质设备上工作的人员，必须使用电工安全带； 12. 工作中严禁上下抛掷物品，需要上下传递物品时应使用传递绳； 13. 工作中严禁工作人员大幅度晃动一次引线及开关灭弧室； 14. 禁止歪拉斜吊，用力砸击等野蛮作业行为

任务	危险点	控 制 措 施
断路器的定检	触电	1. 断路器两端隔离开关在断开位置，并合上接地刀闸； 2. 工作地点要装设全封闭围栏，并悬挂安全警告牌； 3. 设专责监护人，防止走错间隔； 4. 施工现场使用的电源盘、配电箱需配置漏电保护器； 5. 防止重物辗压和油污浸蚀临时电源线； 6. 禁止带电拆、接临时电源线； 7. 禁止使用不合格的电缆线和负荷开关； 8. 电动工具经检验合格，并且外壳可靠接地； 9. 使用电动工具时须穿绝缘鞋，戴绝缘手套； 10. 斗臂车与架空线路保持足够的安全距离，并设专人监护
	高处坠落	1. 高处作业人员应正确使用合格安全带，穿防滑性能好的软底绝缘鞋； 2. 工作中使用的斗臂车必须经专业机构检验合格，并且必须由具有相应资质的人员操作； 3. 设专责监护人，避免高处作业人员工作地点转移时忘记使用安全带
	高处落物	1. 进入施工现场必须戴好安全帽； 2. 高处作业人员应使用工具袋，不准投掷工具和材料，上下传递工具材料时应使用传递绳；

任务	危险点	控　制　措　施
断路器的定检	高处落物	3．设备起吊过程中，任何人不得在吊臂和重物的下面行走或停留； 4．统一指挥，协调工作，尽量避免交叉作业
	机械伤害	1．正确选择和使用合格的工器具； 2．斗臂车由专业人员进行操作，起降、回转前必须做好瞭望，并设专人监护； 3．对于弹簧机构，进行机构调整时要确定机构是否储能，在没有将储能机构释放前，严禁到机构内进行作业； 4．对于液压机构，进行机构内部高压管路作业时，一定要将机构油压释放到零； 5．对于检修完毕的机构，在进行机构箱清扫作业项目前，一定要将储能电动机（或油泵电动机）动力电源开关断开，必要时将机构储能完全释放
	SF_6气体及其残留物伤害	1．需要对开关灭弧室解体检查，应先将灭弧室内的SF_6气体回收，禁止将未曾处理的有毒气体直接排放到大气中； 2．设备解体后，现场人员需全部撤离到工作地点上风口，停留 30min后方可接触设备进行下步工作； 3．接触SF_6气体及残留物的工作人员要使用合格的防毒面具，穿耐酸质的连体工作服，戴乳胶手套，工作后即刻沐浴；

任务	危险点	控 制 措 施
断路器的定检	SF₆气体及其残留物伤害	4．对灭弧室内的残留物（粉尘）要用专用的工具清理，清理的物品氢氧化钠水溶液浸泡后深埋； 5．工作人员严禁在现场进食、饮水
	设备损坏	1．严禁作业人员攀爬开关支持绝缘子、灭弧室，需要在其上面的工作，应使用高空作业斗臂车或搭设的脚手架； 2．工作中使用的高空作业斗臂车必须经专业机构检验合格，由熟悉车辆使用方法并经考试合格、取得操作许可证的专业人员方可操作； 3．斗臂车由专业人员进行操作，起降、回转前必须做好瞭望，并设专人监护； 4．工作中需要拆卸螺栓时，要使用合格的固定扳手，严禁使用活扳手拆卸常规螺栓； 5．凡是在开关支持绝缘子、灭弧室等瓷质设备上工作的人员，必须使用电工安全带，严禁使用带金属挂环的其他类（架工、线路工）安全带； 6．工作中严禁上下抛掷物品，上下传递物品时应使用传递绳； 7．工作中严禁工作人员大幅度晃动一次引线及开关灭弧室； 8．开关机构储能装置电动机试转前，应仔细检查电动机附件是否有异物； 9．储能装置不能正常启动时要查明原因，严禁强行给储能电动机通电转动电动机

任务	危险点	控 制 措 施
隔离开关安装及大修	触电	1．合上接地刀闸，工作地点要装设全封闭围栏，并悬挂安全警告牌； 2．设专责监护人，防止走错间隔； 3．施工现场使用的电源盘、配电箱需配置漏电保护器； 4．防止重物辗压和油污浸蚀临时电源线； 5．禁止带电拆、接临时电源线； 6．禁止使用不合格的电缆线和负荷开关； 7．电动工具经检验合格，并且外壳可靠接地； 8．使用电动工具时须穿绝缘鞋，戴绝缘手套； 9．吊车与架空线路保持足够的安全距离，并设专人监护
	高处坠落	1．高处作业人员应正确使用合格安全带，穿防滑性能好的软底绝缘鞋； 2．工作中使用的吊车必须经专业机构检验合格，并且必须由具有相应资质的人员操作； 3．设专责监护人，避免高处作业人员工作地点转移时忘记使用安全带；
	高处落物	1．进入施工现场必须戴好安全帽； 2．高处作业人员使用工具袋，不准投掷工具和材料，上下传递工具材料时应使用传递绳； 3．设备起吊过程中，任何人不得在吊臂和重物的下面行走或停留； 4．统一指挥，协调工作，尽量避免交叉作业

任务	危险点	控 制 措 施
隔离开关安装及大修	机械伤害	1．正确选择和使用合格的工器具； 2．起重作业由专业人员统一指挥，在物件起吊、吊车转杆前必须做好瞭望，并设专人监护； 3．工作中严禁戴手套使用大锤，大锤工作范围内严禁站人； 4．隔离开关整体调试时，相互之间注意协调，集中注意力，避免联动机构伤人
	飞溅物伤害	1．电焊、气焊及切割作业，工作人员应正确着装，戴好安全防护用品； 2．焊工清理焊渣时必须戴上白光护目镜，并避免对着自己和其他人的方向敲打焊渣； 3．使用砂轮、角向磨光机、切割机时应戴防护眼镜，操作人员应站在旋转设备的侧面； 4．不准用砂轮侧面研磨，不允许用角向磨光机、切割机代替砂轮机进行物件打磨
	设备损坏	1．起重机械和起重工具经专业机构检验合格后方可使用； 2．起重作业由专业人员统一指挥，在物件起吊、吊车转杆前必须做好瞭望，并设专人监护； 3．根据负载确定起吊吨位、起吊高度，吊车的支撑腿必须牢固，受力均

任务	危险点	控 制 措 施
隔离开关安装及大修	设备损坏	匀，并有防倾斜措施； 　4. 起吊重物需要专用吊环的，起吊前检查所使用的吊环拧入深度要达到安全要求； 　5. 起吊用钢丝绳无断股和其他缺陷，依据起吊负荷质量选择合适的钢丝绳，不得超载使用； 　6. 在支持绝缘子、操作绝缘子上工作，必须正确使用电工安全带，严禁使用带金属挂环的其他类（架工、线路工）安全带； 　7. 工作中严禁上下抛掷物品，上下传递物品时应使用传递绳； 　8. 禁止歪拉斜吊，用力砸击等野蛮作业行为； 　9. 在进行隔离开关分合试验时，操作前一定要先进行手动分合，确定各部位无卡滞现象后，方可进行电动操作； 　10. 遇有 5 级及以上大风天气时停止吊装作业
隔离开关的定检	触电	1. 合上接地刀闸，工作地点要装设全封闭围栏，并悬挂安全警告牌； 2. 接触无明显断开点的低压电器设备前必须进行验电； 3. 设专责监护人，防止走错间隔； 4. 施工现场使用的电源盘、配电箱需配置漏电保护器； 5. 防止重物辗压和油污浸蚀临时电源线； 6. 禁止带电拆、接临时电源线；

任务	危险点	控 制 措 施
隔离开关的定检	触电	7. 禁止使用不合格的电缆线和负荷开关; 8. 电动工具经检验合格,并且外壳可靠接地; 9. 使用电动工具时须穿绝缘鞋,戴绝缘手套; 10. 斗臂车与架空线路保持足够的安全距离,并设专人监护
	高处坠落	1. 高处作业人员应正确使用合格安全带,穿防滑性能好的软底绝缘鞋; 2. 工作中使用的斗臂车必须经专业机构检验合格,并且必须由具有相应资质的人员操作; 3. 设专责监护人,避免高处作业人员工作地点转移时忘记使用安全带
	高处落物	1. 进入施工现场必须戴好安全帽; 2. 高处作业人员应使用工具袋,不准投掷工具和材料,上下传递工具材料时应使用传递绳; 3. 统一指挥,协调工作,尽量避免交叉作业
	机械伤害	1. 斗臂车由专业人员进行操作,起降、回转前必须做好瞭望,并设专人监护; 2. 正确选择和使用合格的工器具; 3. 工作中严禁戴手套使用大锤,大锤工作范围内严禁站人; 4. 隔离开关整体调试时,相互之间注意协调,集中注意力,避免联动机构伤人

任务	危险点	控 制 措 施
隔离开关的定检	设备损坏	1. 斗臂车由专业人员进行操作，起降、回转前必须做好瞭望，并设专人监护； 2. 在支持绝缘子、操作绝缘子上工作，必须正确使用电工安全带，严禁使用带金属挂环的其他类（架工、线路工）安全带； 3. 工作中严禁上下抛掷物品，需要上下传递物品时应使用传递绳； 4. 在进行隔离开关分合试验时，注意机械闭锁装置位置是否变动，确认无误后方可操作； 5. 检修后的隔离开关分合试验前一定要先进行手动分合，确定各部位无卡滞现象后，方可进行电动操作
互感器的安装	触电	1. 工作地点要装设全封闭围栏，并悬挂安全警告牌； 2. 进行验电，并做好接地线； 3. 设专责监护人，防止走错间隔； 4. 施工现场使用的电源盘、配电箱需配置漏电保护器； 5. 防止重物辗压和油污浸蚀临时电源线； 6. 禁止带电拆、接临时电源线； 7. 禁止使用不合格的电缆线和负荷开关； 8. 电动工具经检验合格，并且外壳可靠接地； 9. 使用电动工具时须穿绝缘鞋，戴绝缘手套；

任务	危险点	控 制 措 施
互感器的安装	触电	10. 吊车与架空线路保持足够的安全距离，并设专人监护
	高处坠落	1. 高处作业人员应正确使用合格安全带，穿防滑性能好的软底绝缘鞋； 2. 工作中使用的吊车必须经专业机构检验合格，并且必须由具有相应资质的人员操作； 3. 设专责监护人，避免高处作业人员工作地点转移时忘记使用安全带
	高处落物伤害	1. 任何人进入施工现场都必须戴好安全帽； 2. 高处作业人员应使用工具袋，不准投掷工具和材料，上下传递工具材料时应使用传递绳； 3. 设备起吊过程中，任何人不得在吊臂和重物的下面行走或停留； 4. 统一指挥，协调工作，尽量避免交叉作业
	机械伤害	1. 正确选择和使用合格的工器具； 2. 起重作业由专业人员统一指挥，在物件起吊、吊车转杆前必须做好瞭望，并设专人监护； 3. 互感器就位前两侧安装人员协调配合，起重指挥人员确保安装人员没有触及互感器底座时方可下达吊车降落的指令
	设备损坏	1. 起重机械和起重工具经专业机构检验合格方可使用； 2. 起重作业由专业人员统一指挥，在物件起吊、吊车转杆前必须做好瞭

任务	危险点	控 制 措 施
互感器的安装	设备损坏	望，并设专人监护； 　3．起吊重物需要专用吊环的，起吊前检查所使用的吊环拧入深度要达到安全要求； 　4．吊装互感器应使用尼龙吊带，吊带选择合适，严禁使用表面破损的吊带； 　5．吊装作业时需要将两根（及其以上）尼龙吊带连接使用时，严禁直接连接，必须使用卸扣连接； 　6．吊装过程中吊绳与吊物之间棱角处要加装软质衬套； 　7．在互感器上工作，必须正确使用电工安全带，严禁使用带金属挂环的其他类（架工、线路工）安全带； 　8．工作中严禁上下抛掷物品，需要上下传递物品时应使用传递绳； 　9．禁止歪拉斜吊，用力砸击等野蛮作业行为； 　10．遇有5级及以上大风天气时停止高空作业
互感器的定检	触电	1．工作地点要装设全封闭围栏，并悬挂安全警告牌； 2．进行验电，并做好接地线； 3．设专责监护人，防止走错间隔； 4．施工现场使用的电源盘、配电箱需配置漏电保护器； 5．防止重物辗压和油污浸蚀临时电源线；

任务	危险点	控制措施
互感器的定检	触电	6．禁止带电拆、接临时电源线； 7．禁止使用不合格的电缆线和负荷开关； 8．电动工具经检验合格，并且外壳可靠接地； 9．使用电动工具时须穿绝缘鞋，戴绝缘手套； 10．斗臂车与架空线路保持足够的安全距离，并设专人监护
	高处坠落	1．高处作业人员应正确使用合格安全带，穿防滑性能好的软底绝缘鞋； 2．工作中使用的斗臂车必须经专业机构检验合格，并且必须由具有相应资质的人员操作； 3．设专责监护人，避免高处作业人员工作地点转移时忘记使用安全带
	高处落物伤害	1．任何人进入施工现场都必须戴好安全帽； 2．高处作业人员应使用工具袋，不准投掷工具和材料，上下传递工具材料时应使用传递绳； 3．统一指挥，协调工作，尽量避免交叉作业
	设备损坏	1．斗臂车由专业人员进行操作，起降、回转前必须做好瞭望，并设专人监护； 2．凡是在接触设备外绝缘部位的作业人员，要使用电工安全带，严禁使用带金属挂环的其他类（架工、线路工）安全带；

任务	危险点	控 制 措 施
互感器的定检	设备损坏	3. 严禁上下抛掷物品，需要上下传递物品时，要使用传递绳； 4. 二次端子的作业，要由专责技术人员操作，二次接线端子紧固力度适中，避免出现拧断二次接线端子的行为
避雷器的安装	触电	1. 工作地点要装设全封闭围栏，并悬挂安全警告牌； 2. 进行验电，并做好接地线； 3. 设专责监护人，防止走错间隔； 4. 施工现场使用的电源盘、配电箱需配置漏电保护器； 5. 防止重物辗压和油污浸蚀临时电源线； 6. 禁止带电拆、接临时电源线； 7. 禁止使用不合格的电缆线和负荷开关； 8. 电动工具经检验合格，并且外壳可靠接地； 9. 使用电动工具时须穿绝缘鞋，戴绝缘手套； 10. 吊车与架空线路保持足够的安全距离，并设专人监护
	高处坠落	1. 高处作业人员应正确使用合格安全带，穿防滑性能好的软底绝缘鞋； 2. 工作中使用的吊车必须经专业机构检验合格，并且必须由具有相应资质的人员操作； 3. 设专责监护人，避免高处作业人员工作地点转移时忘记使用安全带

任务	危险点	控制措施
避雷器的安装	高处落物伤害	1．任何人进入施工现场都必须戴好安全帽； 2．高处作业人员应使用工具袋，不准投掷工具和材料，上下传递工具材料时应使用传递绳； 3．设备起吊过程中，任何人不得在吊臂和重物的下面行走或停留； 4．统一指挥，协调工作，尽量避免交叉作业
	机械伤害	1．正确选择和使用合格的工器具； 2．起重作业由专业人员统一指挥，在物件起吊、吊车转杆前必须做好瞭望，并设专人监护； 3．避雷器就位前两侧的安装人员协调配合，起重指挥人员确保安装人员没有触及避雷器底座时方可下达吊车降落的指令
	设备损坏	1．起重机械和起重工具经专业机构检验合格后方可使用； 2．起重作业由专业人员统一指挥，在物件起吊、吊车转杆前必须做好瞭望，并设专人监护； 3．根据负载确定起吊吨位、起吊高度，吊车的支撑腿必须牢固，受力均匀，并有防倾斜措施； 4．起吊重物需要专用吊环的，起吊前检查所使用的吊环拧入深度要达到安全要求；

任务	危险点	控 制 措 施
避雷器的安装	设备损坏	5. 起吊用钢丝绳无断股和其他缺陷，依据起吊负荷质量选择合适的钢丝绳，不得超载使用； 6. 凡是接触避雷器外绝缘的工作，作业人员必须使用电工安全带，严禁使用带金属挂环的其他类（架工、线路工）安全带； 7. 工作中严禁上下抛掷物品，需要上下传递物品时应使用传递绳； 8. 避雷器吊装前要有防止避雷器在起吊过程中倾倒的措施； 9. 严禁作业人员攀爬避雷器，一次引线接引作业必须使用人字爬梯或高空作业斗臂车
避雷器的定检	触电	1. 地点要装设全封闭围栏，并悬挂安全警告牌； 2. 进行验电，并做好接地线； 3. 设专责监护人，防止走错间隔； 4. 施工现场使用的电源盘、配电箱需配置漏电保护器； 5. 防止重物辗压和油污浸蚀临时电源线； 6. 禁止带电拆、接临时电源线； 7. 禁止使用不合格的电缆线和负荷开关； 8. 电动工具经检验合格，并且外壳可靠接地； 9. 使用电动工具时须穿绝缘鞋，戴绝缘手套； 10. 斗臂车与架空线路保持足够的安全距离，并设专人监护

任务	危险点	控 制 措 施
避雷器的定检	高处坠落	1．高处作业人员应正确使用合格安全带，穿防滑性能好的软底绝缘鞋； 2．工作中使用的斗臂车必须经专业机构检验合格，并且必须由具有相应资质的人员操作； 3．设专责监护人，避免高处作业人员工作地点转移时忘记使用安全带
	高处落物	1．任何人进入施工现场都必须戴好安全帽； 2．高处作业人员应使用工具袋，不准投掷工具和材料，上下传递工具材料时应使用传递绳； 3．统一指挥，协调工作，尽量避免交叉作业
	设备损坏	1．斗臂车由专业人员进行操作，起降、回转前必须做好瞭望，并设专人监护； 2．严禁作业人员攀爬避雷器，一次引线拆、接作业必须使用人字爬梯或高空作业斗臂车； 3．接触避雷器外绝缘的作业，工作人员必须使用电工安全带； 4．严禁作业人员上下抛掷物品，需要上下传递物品时要使用传递绳； 5．工作人员工作中避免挤压均压环
高压开关柜安装	触电	1．工作地点要装设全封闭围栏，并悬挂安全警告牌； 2．接触无明显断开点的低压电器设备前必须进行验电；

任务	危险点	控 制 措 施
高压开关柜安装	触电	3．设专责监护人，防止走错间隔； 4．施工现场使用的电源盘、配电箱需配置漏电保护器； 5．防止重物辗压和油污浸蚀临时电源线； 6．禁止带电拆、接临时电源线； 7．禁止使用不合格的电缆线和负荷开关； 8．电动工具经检验合格，并且外壳可靠接地； 9．使用电动工具时须穿绝缘鞋，戴绝缘手套； 10．吊车与架空线路保持足够的安全距离，并设专人监护
	机械伤害	1．正确选择和使用合格的工器具； 2．起重作业由专业人员统一指挥，在物件起吊、吊车转杆前必须做好瞭望，并设专人监护
	设备损坏	1．起重机械和起重工具经专业机构检验合格后方可使用； 2．起重作业由专业人员统一指挥，在物件起吊、吊车转杆前必须做好瞭望，并设专人监护； 3．搬运柜体时使用专用人力操作叉车或合格滚杠； 4．对于开关柜门面板部分搬运前要做好磕碰的防护措施； 5．安装过程中避免生搬硬撬，小范围移动需要撬棍撬动时柜体侧要做好防护措施；

任务	危险点	控 制 措 施
高压开关柜安装	设备损坏	6. 设备调试前要熟悉开关柜操作步骤，遇有卡滞现象应停止操作，查明原因
高压开关柜定检	触电	1. 工作地点要装设全封闭围栏，并悬挂安全警告牌； 2. 进行验电，并合上接地刀闸； 3. 设专责监护人，防止走错间隔； 4. 施工现场使用的电源盘、配电箱需配置漏电保护器； 5. 防止重物辗压和油污浸蚀临时电源线； 6. 禁止带电拆、接临时电源线； 7. 禁止使用不合格的电缆线和负荷开关； 8. 电动工具经检验合格，并且外壳可靠接地； 9. 使用电动工具时须穿绝缘鞋，戴绝缘手套
	机械伤害	1. 正确选择和使用合格的工器具； 2. 进入开关柜内作业前要确定储能机构完全释放
	SF_6气体及其残留物伤害	1. 对于安装SF_6开关的配电柜，进入配电室前要开启通风设备； 2. 需要对开关灭弧室解体检查的工作，应将灭弧室内的SF_6气体回收后方可解体检修，禁止将未曾处理的有毒气体直接排放到大气中；

任务	危险点	控 制 措 施
高压开关柜定检	SF$_6$气体及其残留物伤害	3．设备解体后，现场人员需全部撤离，室内保持强通风 30～60min 后检修人员方可进入室内工作； 4．接触 SF$_6$气体及残留物的工作人员要使用合格的防毒面具，穿耐酸质的连体工作服，戴乳胶手套，工作后即刻沐浴； 5．对灭弧室内的残留物（粉尘）要用专用的工具清理，清理的物品氢氧化钠水溶液浸泡后深埋； 6．配电室内工作人员严禁在现场进食、饮水
	设备损坏	1．严格按检修工艺要求进行设备的拆装工作； 2．开关操作前要检查闭锁装置是否到位，有无卡滞现象
主变压器高压侧套管更换	触电	1．进行验电并做好接地线，工作地点要装设全封闭围栏，并悬挂安全警告牌； 2．设专责监护人，防止走错间隔； 3．施工现场使用的电源盘、配电箱需配置漏电保护器； 4．防止重物辗压和油污浸蚀临时电源线； 5．禁止带电拆、接临时电源线； 6．禁止使用不合格的电缆线和负荷开关； 7．电动工具经检验合格，并且外壳可靠接地； 8．使用电动工具时须穿绝缘鞋，戴绝缘手套； 9．吊车与架空线路保持足够的安全距离，并设专人监护

任务	危险点	控 制 措 施
主变压器高压侧套管更换	高处坠落	1．高处作业人员应正确使用合格安全带，穿防滑性能好的软底绝缘鞋； 2．工作中使用的吊车必须经专业机构检验合格，并且必须由具有相应资质的人员操作； 3．设专责监护人，避免高处作业人员工作地点转移时忘记使用安全带
	高处落物伤害	1．进入施工现场必须戴好安全帽； 2．高处作业人员应使用工具袋，不准投掷工具和材料，上下传递工具材料时应使用传递绳； 3．设备起吊过程中，任何人不得在吊臂和重物的下面行走或停留； 4．统一指挥，协调工作，尽量避免交叉作业
	机械伤害	1．正确选择和使用合格的工器具； 2．起重作业由专业人员统一指挥，在物件起吊、吊车转杆前必须做好瞭望，并设专人监护； 3．套管吊装过程中，作业人员与起重人员密切配合，确认作业人员与套管下法兰远离后，起重人员方可下达吊车起降指令
	着火	1．工作场所附近禁止进行电焊、气焊等易产生明火的作业； 2．现场必须储备足量的消防器材； 3．滤油机运行时要由专人值守； 4．工作场所严禁吸烟

任务	危险点	控 制 措 施
主变压器高压侧套管更换	设备损坏	1．起重机械和起重工具经专业机构检验合格后方可使用； 2．起重作业由专业人员统一指挥，在物件起吊、吊车转杆前必须做好瞭望，并设专人监护； 3．起吊重物需要专用吊环的，起吊前检查所使用的吊环拧入深度要达到安全要求； 4．起吊用钢丝绳无断股和其他缺陷，依据起吊负荷质量选择合适的钢丝绳，不得超载使用； 5．吊装套管尽量使用尼龙吊带，吊带选择合适，严禁使用表面破损的吊带； 6．工作人员必须穿专用的工作服，严禁携带钥匙、手机等其他与工作无关的私人物品； 7．不准投掷工具和材料，需要上下传递物品时应使用传递绳； 8．套管从变压器本体吊出时，要反复检查一次引线确保从套管分离，确保无卡滞现象后，方可起吊，起吊时要缓慢； 9．套管吊出后要放到专用支架上，没有支架平放时套管要用方木垫起，确保套管瓷裙不与地面直接接触； 10．禁止歪拉斜吊，用力砸击等野蛮作业行为； 11．遇有 5 级及以上大风天气时停止吊装作业

任务	危险点	控 制 措 施
有载调压开关吊检	触电	1．工作地点要装设全封闭围栏，并悬挂安全警告牌； 2．设专责监护人，防止走错间隔； 3．施工现场使用的电源盘、配电箱需配置漏电保护器； 4．防止重物辗压和油污浸蚀临时电源线； 5．禁止带电拆、接临时电源线； 6．禁止使用不合格的电缆线和负荷开关； 7．电动工具经检验合格，并且外壳可靠接地； 8．使用电动工具时须穿绝缘鞋，戴绝缘手套； 9．吊车与架空线路保持足够的安全距离，并设专人监护
	高处坠落	1．高处作业人员应正确使用合格安全带，穿防滑性能好的软底绝缘鞋； 2．设专责监护人，避免高处作业人员工作地点转移时忘记使用安全带
	高处落物伤害	1．进入施工现场必须戴好安全帽； 2．高处作业人员应使用工具袋，不准投掷工具和材料，上下传递工具材料时应使用传递绳； 3．设备起吊过程中，任何人不得在吊臂和重物的下面行走或停留
	机械伤害	1．正确选择和使用合格的工器具；

任务	危险点	控 制 措 施
有载调压开关吊检	机械伤害	2. 套管吊装过程中，作业人员与起重人员密切配合，确认作业人员与套管下法兰远离后，起重人员方可下达吊车起降指令； 3. 统一指挥，协调工作，集中注意力，严格遵守现场工作纪律
	着火	1. 工作场所附近禁止进行电焊、气焊等易产生明火的作业； 2. 现场必须储备足量的消防器材； 3. 滤油机运行时要由专人值守； 4. 工作场所严禁吸烟
	设备损坏	1. 起重机械和起重工具经专业机构检验合格后方可使用； 2. 起吊用钢丝绳无断股和其他缺陷，依据起吊负荷质量选择合适的钢丝绳，不得超载使用； 3. 如果吊装使用尼龙吊带，吊带选择合适，严禁使用表面破损的吊带； 4. 工作人员必须穿专用的工作服，严禁携带钥匙、手机等其他与工作无关的私人物品； 5. 开关从变压器本体吊出时，要检查连接螺栓是否拆卸完毕，确认无误后方可起吊，起吊时要缓慢； 6. 调压开关吊出后要浸到合格的变压器油里，短时间暴露在空气里时，应将开关用塑料布包好，防止灰尘等杂物污染； 7. 禁止歪拉斜吊，用力砸击等野蛮作业行为；

任务	危险点	控 制 措 施
有载调压 开关吊检	设备损坏	8. 遇有 5 级及以上大风天气时停止作业
风扇电动机更换	触电	1. 设专责监护人，防止走错间隔； 2. 接触电动机接线盒前，要确定风扇电机动力电源开关确已在断开位置
	机械伤害	1. 正确选择和使用合格的工器具； 2. 电动机拆卸过程中，工作人员要正确使用劳动防护用品，避免由于空间狭小而伤手
	设备损坏	1. 拆卸电动机地脚螺栓时，应使用合格的固定扳手，严禁使用活扳手； 2. 电动机拆卸过程中严格按检修工艺要求进行作业，避免重力敲击等野蛮作业行为； 3. 电动机试转前要确定电机地脚螺栓紧固良好，风扇紧固螺母到位，锁片锁死
断路器储能 电动机更换	触电	1. 设专责监护人，防止走错间隔； 2. 接触电动机接线盒前，要确定电动机动力电源开关确已在断开位置
	机械伤害	1. 进入机构箱内工作前，确认动力电源开关在断开位置，机构储能装置已经完全释放；

任务	危险点	控 制 措 施
断路器油泵电动机更换	机械伤害	2．正确选择和使用合格的工器具； 3．电动机拆卸过程中，工作人员要正确使用劳动防护用品，避免由于空间狭小而伤手
	设备损坏	1．拆卸电动机地脚螺栓时，应使用合格的固定扳手，严禁使用活扳手； 2．禁止重力敲击等野蛮作业行为； 3．电动机试转前要确定电动机地脚螺栓紧固良好，电动机旋转范围内无异物
	触电	1．设专责监护人，防止走错间隔； 2．接触电动机接线盒前，要确定电动机动力电源开关确已在断开位置
	机械伤害	1．进入机构箱内工作前，确认动力电源开关在断开位置，机构油压释放到零； 2．正确选择和使用合格的工器具； 3．电动机拆卸过程中，工作人员要正确使用劳动防护用品，避免由于空间狭小而伤手
	设备损坏	1．拆卸电动机地脚螺栓时，应使用合格的固定扳手，严禁使用活扳手； 2．禁止重力敲击等野蛮作业行为；

任务	危险点	控 制 措 施
断路器油泵电动机更换	设备损坏	3．电动机试转前要确定电动机地脚螺栓紧固良好，油泵电动机旋转范围内无异物
一次设备外绝缘清扫	触电	1．工作地点要装设全封闭围栏，并悬挂安全警告牌； 2．设专责监护人，防止走错间隔
	高处坠落	1．高处作业人员应正确使用合格安全带，穿防滑性能好的软底绝缘鞋； 2．设专责监护人，避免高处作业人员工作地点转移时忘记使用安全带
	高处落物	1．进入施工现场必须戴好安全帽； 2．高处作业人员应使用工具袋，不准投掷工具和材料，上下传递工具材料时应使用传递绳
	设备损坏	1．斗臂车由专业人员进行操作，起降、回转前必须做好瞭望，并设专人监护； 2．接触瓷质设备外绝缘的工作，作业人员必须使用电工安全带，严禁使用带金属挂环的其他类（架工、线路工）安全带； 3．工作中严禁上下抛掷物品，需要上下传递物品时应使用传递绳； 4．严禁作业人员攀爬瓷质设备，工作人员应使用高空作业斗臂车或人字爬梯进行作业

任务	危险点	控 制 措 施
控制箱（柜）、机构箱内设备检修及更换	触电	1．设专责监护人，防止走错间隔； 2．拆卸电气元件动力电源线、控制电源线之前，要确定电源开关确已在断开位置
	机械伤害	1．进入机构箱内工作前，确认动力电源开关在断开位置，机构油压释放到零； 2．正确选择和使用合格的工器具； 3．电动机拆卸过程中，工作人员要正确使用劳动防护用品，避免由于空间狭小而伤手
	设备损坏	1．紧固螺丝时选择合适的螺丝刀，且用力适中； 2．拆卸、紧固管路接头螺帽时，应使用合格的固定扳手，严禁使用活扳手，紧固力度适中； 3．机构建压前，应仔细检查各管路接头紧固良好，油泵电动机旋转范围内无异物
电力电缆敷设电缆头制作及检修	触电	1．接触无明显断开点的低压电器设备前必须进行验电； 2．工作地点要装设全封闭围栏，并悬挂安全警告牌；

任务	危险点	控　制　措　施
电力电缆敷设电缆头制作及检修	触电	3．设专责监护人，防止走错间隔； 4．施工现场使用的电源盘、配电箱需配置漏电保护器； 5．防止重物辗压和油污浸蚀临时电源线； 6．禁止带电拆、接临时电源线； 7．禁止使用不合格的电缆线和负荷开关； 8．电动工具经检验合格，并且外壳可靠接地； 9．使用电动工具时须穿绝缘鞋，戴绝缘手套； 10．试验后对电缆进行放电； 11．与其他带电运行电缆（或线路）并行时，必须做好接地措施，防止感电
	高处坠落	1．架空电力线路上的进行电缆头检修和制作，脚手架经验收合格后方可使用； 2．高处作业人员应正确使用合格安全带，穿防滑性能好软底鞋； 3．工作中设专责监护人
	高处落物	1．进入施工现场必须戴好安全帽； 2．工作支架上的工具、器材要放置妥当，防止落下伤人；

任务	危险点	控　制　措　施
电力电缆敷设电缆头制作及检修	高处落物	3．电缆接头的检修、制作如在地面以下的坑道中进行，在工作坑道的上边不得放置工器具、材料，其工器具、材料的运送，应注意递接递放，严禁抛掷
	器械伤害	1．电缆盘设专人看守，电缆盘滚动时禁止用手制动，电缆盘固定牢固，电缆应从电缆盘上方牵引； 2．牵引电缆的人员应在平整的通道上进行，严禁用手搬动滑轮； 3．电缆穿入过道保护管时，操作人员的手与管口应保持一定距离
	有毒气体伤害	1．初次进电缆竖井、隧道前，应用排风电机组排除浊气和易燃气体，有条件的应使用气体检测仪以确定井内、隧道内是否存在有毒、有害气体； 2．进入电缆沟前必须敞开通风，严谨钻入处于半封闭的电缆沟内部
	着火	1．工作现场要储备足够的消防器材； 2．现场电缆废弃物要及时清理，在进行热缩作业前，现场严禁有电缆废弃物； 3．使用喷灯时，严禁将火焰对着设备和易燃物； 4．喷灯加油时，必须在熄火、泄压、冷却后进行； 5．施工现场严禁吸烟

任务	危险点	控 制 措 施
电力电缆敷设电缆头制作及检修	设备损坏	1. 严格按电缆终端、接续工艺要求进行电缆制作； 2. 电缆敷设要注意环境温度，当环境温度低于5℃时，严禁进行电缆敷设，特殊情况应采取加热措施方可进行； 3. 电缆敷设时注意拉拽速度不宜过快，以免损坏电缆外护套； 4. 电缆经穿墙套管、固定钢管敷设时，要有防止电缆外护套破损的防护措施
构架刷漆	触电	1. 在相邻的构架上，挂"禁止攀登，高压危险"的标识； 2. 设专责监护人，严禁作业人员误入带电间隔； 3. 油盒内倒入的油漆不超过油盒的1/2，防止油漆意外撒在相邻带电设备上造成污闪，灼伤作业人员； 4. 严禁在母线、相邻间隔带电的情况下传递物品
	高处坠落	1. 高处作业人员应正确使用合格安全带，穿防滑性能好的软底鞋； 2. 设专责监护人，避免高处作业人员工作地点转移时忘记使用安全带； 3. 安全带必须高挂抵用
	高处落物	1. 进入施工现场必须戴好安全帽； 2. 高处作业人员应使用工具袋，不准投掷工具和材料

任务	危险点	控 制 措 施
继电保护装置校验	着火	1．使用酒精、丙酮等易燃物时应防止飞溅到其他设备上，如有应立即擦除干净； 2．工作现场严禁明火，严禁吸烟； 3．易燃易爆物品使用完毕应专柜存放、专人管理； 4．使用完毕的电气设备应及时关闭电源，电烙铁、热风枪等发热部件严禁随意乱放，应确保冷却后再封装
	开关传动机构挤伤	1．在保护通电试验前，拉开保护所控制的所有断路器的操作电源，确保开关不能分合； 2．开关进行传动试验时，现场核对开关位置人员应与断路器传动机构保证足够的安全距离
	人身感电	1．在进行变电站户外工作时禁止将导体举过头顶； 2．进入变电站内作业时必须与带电设备保持足够安全距离，设专人监护； 3．变电站内搬运梯子时应注意水平搬运
	走错间隔	1．工作前检查安全措施是否正确完备，工作地点放置"在此工作"标示牌，相邻屏挂"运行中"红布帘； 2．进入工作地点前，首先核对设备位置、名称、编号、状态是否与工作票相符； 3．工作组中设专人监护，工作组成员对作业范围相互提醒

任务	危险点	控 制 措 施
继电保护装置校验	触电	1．工作时必须穿绝缘鞋； 2．禁止进行带电接引试验电源； 3．进行试验时，试验仪器的外壳必须可靠接地； 4．临时试验电源必须装有明显断点的闸刀开关； 5．试验电源必须带有漏电保护器，且每次工作前必须进行漏电保护器的有效验证； 6．螺丝刀、尖嘴钳等工器具使用前必须进行外观完好性检查； 7．万用表等测量工器具在使用前应检查完好性，使用中注意挡位
	保护插件过载	1．操作试验仪器时认真仔细，防止将超限的电压、电流输入保护装置中； 2．新回路通电前必须进行绝缘测试
	TA 开路	1．在进行 TA 二次回路作业时，必须核对屏位、图纸、名称、端子排号； 2．在打开 TA 连片前应先使用毫安级钳形电流表确认确无电流； 3．在带电的 TA 回来作业时，应先封闭好连片再打开保护装置侧的端子； 4．工作完毕后应立即将 TA 连片恢复原状； 5．测量 TA 二次回路电流时，必须先紧固电流端子排在进行测量，测量中注意轻拉轻放二次线

任务	危险点	控 制 措 施
继电保护装置校验	保护插件受静电损坏	1．接触保护插件时，必须先对身体放电并采取防静电措施； 2．安装插件前进行名称型号的核对，防止保护插件位置安装错误
	定值误整定	1．在校验前，逐项核对定值，校验结束后再次与定值单核实保护定值； 2．调试过程中变更定值，至少由两人进行，一人监护，一人操作，完毕后恢复原定值； 3．保护连接片的投退必须做好书面记录，试验完毕后恢复原状
	误接线	1．试验接线必须由第二人进行正确性检查； 2．对保护模拟量校验时，分清电压、电流回路； 3．试验过程中变更二次接线应做好详细记录，试验完毕后恢复原状
二次回路消缺	着火	1．工作现场严禁明火，严禁吸烟； 2．使用完毕的电气设备应及时关闭电源，电烙铁等发热部件严禁随意乱放，应确保冷却后再封装； 3．易燃易爆物品使用完毕应专柜存放、专人管理
	人身感电	1．在进行变电站户外工作时禁止将导体举过头顶； 2．进入变电站内作业时必须与带电设备保持足够安全距离，设专人监护； 3．变电站内搬运梯子时应注意水平搬运

任务	危险点	控 制 措 施
二次回路消缺	走错间隔	1. 工作前检查安全措施是否正确完备，工作地点放置"在此工作"标示牌，相邻屏挂"运行中"红布帘； 2. 进入工作地点前，核对设备位置、名称、编号、状态是否与工作票相符； 3. 工作组中设专人监护，工作组成员对作业范围相互提醒
	触电	1. 工作时必须穿绝缘鞋； 2. 禁止进行带电接引电源； 3. 进行试验时，试验仪器的外壳必须可靠接地； 4. 临时试验电源必须装有明显断开点的闸刀开关； 5. 试验电源必须带有漏电保护器，且每次工作前必须进行漏电保护器的有效验证； 6. 螺丝刀、尖嘴钳等工器具使用前必须进行外观完好性检查； 7. 万用表等测量工器具在使用前应检查完好性，使用中注意挡位
	高处坠落	1. 工作人员无高血压等妨碍工作的疾病，行动敏捷、意识清醒、对现场设备状况了解； 2. 使用合格的安全带，穿防滑性能好的软底绝缘鞋； 3. 根据现场情况使用合适高度的梯子，梯子必须是经过检验的合格品； 4. 使用梯子时应有人扶持或绑牢，定期检查梯子腐蚀破损情况；

任务	危险点	控　制　措　施
二次回路消缺	高处坠落	5．人字梯必须有坚固的铰链和限制开度的拉链； 6．在梯子上工作时，梯子与地面的夹角为60°左右
	TA开路	1．在TA二次回路进行短接时应用专用连板或导线压接，并要牢固可靠，防止TA二次开路； 2．在TA二次回路升流时必须断开外部电流连片； 3．变更TA二次接线，在送电后必须进行相位测量方可投入保护
	误接线	1．需要进行变更二次线方能工作的，必须做好拆线记录； 2．工作结束后参照拆线记录恢复接线，并经第二人进行核实
开关传动试验	开关传动机构伤人	1．要与运行值班人员共同传动开关，并在开关就地处设专人监护； 2．集控室与就地人员使用对讲机沟通，且均具备传动条件时方可传动开关； 3．分合闸时与开关设备本体保持足够安全距离
	人身感电	1．在进行变电站户外工作时禁止将导体举过头顶； 2．进入变电站作业人员应与带电设备保持足够安全距离，设专人监护
	走错间隔	1．工作前检查安全措施是否正确完备，工作地点放置"在此工作"标示牌，相邻屏挂"运行中"红布帘；

任务	危险点	控 制 措 施
开关传动试验	走错间隔	2. 进入工作地点前，核对设备位置、名称、编号、状态是否与工作票相符； 3. 工作组中设专人监护，工作组成员对作业范围相互提醒
	触电	1. 工作中正确使用工器具，防止误触误碰带电设备； 2. 工作中加强监护，戴绝缘手套； 3. 在解除二次回路引线时应先测量是否带电； 4. 加量前通知小组成员及有关人员，确认所有工作成员均已告知后方可试验
	高处坠落	1. 工作人员无高血压等妨碍工作的疾病，行动敏捷、意识清醒、对现场设备状况了解； 2. 高处作业人员必须使用验收合格的安全带，登高时穿防滑性能好的软底绝缘鞋； 3. 根据现场情况使用合适高度的梯子，梯子必须是经过检验的合格品； 4. 使用梯子时应有人扶持或绑牢，定期检查梯子腐蚀破损情况； 5. 人字梯必须有坚固的铰链和限制开度的拉链； 6. 在梯子上工作时，梯与地面的斜角度为60°左右； 7. 工作人员必须登在距梯顶不少于1m的梯蹬上工作

任务	危险点	控 制 措 施
开关传动试验	传动机构损坏	做开关传动试验时做好防止开关跳跃的措施，一经发现"跳跃现象"应立即停止试验，查明原因后方可继续进行试验
监控系统显示故障	人身感电	1. 在高压设备附近工作时，与带电设备保持足够的安全距离； 2. 在进行变电站户外工作时禁止将导体举过头顶
	走错间隔	1. 工作前检查安全措施是否正确完备，工作地点放置"在此工作"标示牌，相邻屏挂"运行中"红布帘； 2. 进入工作地点前，核对设备位置、名称、编号、状态是否与工作票相符； 3. 工作组中设专人监护，工作组成员对作业范围相互提醒
	触电	1. 工作时必须穿绝缘鞋； 2. 禁止进行带电接引电源； 3. 螺丝刀、尖嘴钳等工器具使用前必须进行外观完好性检查； 4. 万用表等测量工器具在使用前应检查完好性，使用中注意挡位
	损坏自动装置插件、程序	1. 接触保护插件时，必须采取防止人身体静电对保护插件放电的措施； 2. 安装插件前进行名称型号的核对，防止保护插件安装错误的位置； 3. 新回路通电前必须进行绝缘测试； 4. 进行计算机软件的拷贝时，必须采取先杀毒后拷贝的程序防止病毒扰乱程序

续表

任务	危险点	控 制 措 施
变压器试验	着火	1．使用酒精、丙酮等易燃物时应防止飞溅到其他设备上，如有应立即擦除干净； 2．工作现场严禁明火，严禁吸烟； 3．使用完毕的电气设备应及时关闭电源，电烙铁、热风枪等发热部件严禁随意乱放，应确保冷却后再封装
	人身感电	1．在进行变电站户外工作时禁止将导体举过头顶； 2．进入变电站内作业时必须与带电设备保持足够安全距离，设专人监护； 3．变电站内搬运梯子时应注意水平搬运
	走错间隔	1．工作前检查安全措施是否正确完备，工作地点放置"在此工作"标示牌； 2．进入工作地点前，核对设备位置、名称、编号、状态是否与工作票相符； 3．工作组中设专人监护，工作组成员对作业范围相互提醒
	高处坠落	1．工作人员无高血压等妨碍工作的疾病，行动敏捷、意识清醒、对现场设备状况了解； 2．使用验收合格的安全带，穿防滑性能好的软底绝缘鞋； 3．根据现场情况使用合适高度的梯子，梯子必须是经过检验的合格品；

任务	危险点	控　制　措　施
变压器试验	高处坠落	4．使用梯子时应有人扶持或绑牢，定期检查梯子腐蚀破损情况； 5．人字梯必须有坚固的铰链和限制开度的拉链； 6．在梯子上工作时，梯与地面的夹角为60°左右
	触电	1．工作人员必须正确佩戴安全帽，穿绝缘鞋，佩戴防护手套； 2．高压试验仪器的外壳必须可靠接地； 3．被试设备的金属外壳应可靠接地； 4．加量的高压引线的接线应牢固，高压引线必须使用绝缘物体悬挂或支撑固定； 5．试验电源必须有明显断开点的闸刀开关，且使用具有匹配容量的熔断器； 6．工作人员与被试设备保持可靠的安全距离，方可进行加量； 7．接触被试设备前，必须进行充分放电； 8．变更接线或试验结束时，应首先断开试验电源，并将升压器设备部分输出端短路接地
	设备反送电	1．试验前将互感器各侧引线拆除，防止发生反送电； 2．开工前或第二天恢复工作时，负责人要亲自核实电压互感器二次开关的断开位置及挂牌情况； 3．电流互感器本体试验时要确保电流二次侧绕组与保护装置断开

任务	危险点	控 制 措 施
变压器试验	损坏变压器绕组	1. 加量前，必须认真检查试验接线、表计倍率、量程符合要求，调压器在零位等； 2. 变压器进行绝缘、介损、泄漏试验时，非被试验绕组要短路接地，试验结束后应拆除短路接地线； 3. 进行变压器局放试验时应严格遵守操作规程，禁止加过量
TA、TV 试验	着火	1. 使用酒精、丙酮等易燃物时应防止飞溅到其他设备上，如有应立即擦除干净； 2. 工作现场严禁明火，严禁吸烟； 3. 使用完毕的电气设备应及时关闭电源，电烙铁、热风枪等发热部件严禁随意乱放，应确保冷却后再封装
	人身感电	1. 在变电站内工作时禁止将导体举过头顶； 2. 进入变电站内作业时必须与带电设备保持足够安全距离，设专人监护； 3. 变电站内搬运梯子时应注意水平搬运
	走错间隔	1. 工作前检查安全措施是否正确完备，工作地点放置"在此工作"标示牌； 2. 进入工作地点前，核对设备位置、名称、编号、状态是否与工作票相符； 3. 工作组中设专人监护，工作组成员对作业范围相互提醒

任务	危险点	控 制 措 施
TA、TV 试验	高处坠落	1. 工作人员无高血压等妨碍工作的疾病，行动敏捷、意识清醒、对现场设备状况了解； 2. 使用验收合格的安全带，穿防滑性能好的软底绝缘鞋； 3. 根据现场情况使用合适高度的梯子，梯子必须是经过检验的合格品； 4. 使用梯子时应有人扶持或绑牢； 5. 人字梯必须有坚固的铰链和限制开度的拉链； 6. 在梯子上工作时，梯与地面的夹角为 60°左右
	触电	1. 工作人员必须正确佩戴安全帽，穿绝缘鞋，佩戴防护手套； 2. 高压试验仪器的外壳必须可靠接地； 3. 被试设备的金属外壳应可靠接地； 4. 加量的高压引线的接线应牢固，高压引线必须使用绝缘物体悬挂或支撑固定； 5. 试验电源必须有明显断开点的闸刀开关，且使用选用匹配容量的熔断器； 6. 工作人员与被试设备保持可靠的安全距离，方可进行加量； 7. 接触被试设备前，必须进行充分放电； 8. 变更接线或试验结束时，应首先断开试验电源，并将升压器设备部分输出端短路接地

続表

任务	危险点	控 制 措 施
TA、TV 试验	损坏互感器绕组	1．加量前，必须认真检查试验接线、表计倍率、量程符合要求，调压器在零位等； 2．电流互感器做伏安特性试验时，非被试验二次绕组要短路接地，试验结束后应拆除短路接地线； 3．进行互感器耐压试验时应严格遵守操作规程，禁止加过量； 4．当试验中需拆除套管、TA、TV 等末屏接地时，应遵守"谁拆谁接"的原则进行，落实到具体人员； 5．TA、TV 等试验时需要将二次短路接地，试验结束后应及时完整地拆除短路接地线，恢复设备原状
避雷器、电容器试验	人身感电	1．在变电站内工作时禁止将导体举过头顶； 2．进入变电站内作业时必须与带电设备保持足够安全距离，设专人监护； 3．变电站内搬运梯子时应注意水平搬运
	走错间隔	1．工作前检查安全措施是否正确完备，工作地点放置"在此工作"标示牌； 2．进入工作地点前，核对设备位置、名称、编号、状态是否与工作票相符； 3．工作组中设专人监护，工作组成员对作业范围相互提醒

任务	危险点	控 制 措 施
避雷器、电容器试验	高处坠落	1．工作人员无高血压等妨碍工作的疾病，行动敏捷、意识清醒、对现场设备状况了解； 2．使用验收合格的安全带，穿防滑性能好的软底绝缘鞋； 3．根据现场情况使用合适高度的梯子，梯子必须是经过检验的合格品； 4．使用梯子时应有人扶持或绑牢，定期检查梯子腐蚀破损情况； 5．人字梯必须有坚固的铰链和限制开度的拉链； 6．在梯子上工作时，梯与地面的斜角度为60°左右
	触电	1．工作人员必须正确佩戴安全帽，穿绝缘鞋，佩戴防护手套； 2．高压试验仪器的外壳必须可靠接地； 3．被试设备的金属外壳应可靠接地； 4．加量的高压引线的接线应牢固，高压引线必须使用绝缘物体悬挂或支撑固定； 5．试验电源必须有明显断开点的闸刀开关，且使用具有匹配容量的熔断器； 6．工作人员与被试设备保持可靠的安全距离，方可进行加量； 7．接触电容器前，必须进行充分放电； 8．变更接线或试验结束时，应首先断开试验电源，并将升压器设备部分输出端短路接地

任务	危险点	控 制 措 施
避雷器、电容器试验	电容器短路、避雷器放电计数器失灵	1. 加压前必须认真检查试验接线、表计倍率、量程要符合试验要求，调压器在零位等应该均准确无误； 2. 对被试设备的绝缘耐压施压必须严格遵守规程进行，禁止超过允许值； 3. 当试验中需要拆接避雷器接地线时，试验结束后必须恢复设备原状； 4. 试验结束后清点工器具，防止工器具遗留在设备上
断路器试验	着火	1. 使用酒精、丙酮等易燃物时应防止飞溅到其他设备上，如有应立即擦除干净； 2. 工作现场严禁明火，严禁吸烟； 3. 易燃易爆物品使用完毕后应专柜存放、专人管理； 4. 使用完毕的电气设备应及时关闭电源，电烙铁等发热部件严禁随意乱放，应确保冷却后再封装
	传动机构挤伤	1. 试验人员作业位置必须与传动部件保持安全距离，设专人监护； 2. 使用机械、电动工具时，严格遵守操作规程，杜绝随意乱用
	人身感电	1. 在变电站内工作时禁止将导体举过头顶； 2. 进入变电站内作业时必须与带电设备保持足够安全距离，设专人监护； 3. 变电站内搬运梯子时应注意水平搬运
	气体中毒	进行 SF_6 气体含量测试时，人员站在上风口，排气管放在下风口

任务	危险点	控 制 措 施
断路器试验	走错间隔	1．工作前检查安全措施是否正确完备，工作地点放置"在此工作"标示牌； 2．进入工作地点前，核对设备位置、名称、编号、状态是否与工作票相符； 3．工作组中设专人监护，工作组成员对作业范围相互提醒
	高处坠落	1．工作人员无高血压等妨碍工作的疾病，行动敏捷、意识清醒、对现场设备状况了解； 2．使用验收合格的安全带，穿防滑性能好的软底绝缘鞋； 3．根据现场情况使用合适高度的梯子，梯子必须是经过检验的合格品； 4．使用梯子时应有人扶持或绑牢； 5．人字梯必须有坚固的铰链和限制开度的拉链； 6．在梯子上工作时，梯与地面的斜角度为 60°左右
	触电	1．工作人员必须正确佩戴安全帽，穿绝缘鞋，佩戴防护手套； 2．高压试验仪器的外壳必须可靠接地； 3．被试设备的金属外壳应可靠接地； 4．加量的高压引线的接线应牢固，高压引线必须使用绝缘物体悬挂或支撑固定； 5．试验电源必须有明显断开点的闸刀开关，且使用具有匹配容量的熔断器； 6．工作人员与被试设备保持可靠的安全距离，方可进行加量

續表

任务	危险点	控 制 措 施
油样采集	着火	1. 使用酒精、丙酮等易燃物时应防止飞溅到其他设备上,如有应立即擦除干净; 2. 工作现场严禁明火,严禁吸烟; 3. 易燃易爆物品使用完毕后应专柜存放、专人管理
	走错间隔	1. 工作前检查安全措施是否正确完备,工作地点放置"在此工作"标示牌; 2. 进入工作地点前,核对设备位置、名称、编号、状态是否与工作票相符; 3. 工作组中设专人监护,工作组成员对作业范围相互提醒
	触电	1. 进入变电站作业时与带电设备保持足够的安全距离; 2. 工作人员必须正确着装,穿绝缘鞋,并在值班人员监护下进行取样操作; 3. 严禁触碰与取油样无关的电气设备; 4. 在安全距离不能保证的区域采集油样时,必须停电方可接近设备进行采集; 5. 梯子应水平搬运
	高处坠落	1. 工作人员无高血压等妨碍工作的疾病,行动敏捷、意识清醒、对现场设备状况了解;

116

任务	危险点	控 制 措 施
油样采集	高处坠落	2．使用验收合格的安全带，穿防滑性能好的软底绝缘鞋； 3．根据现场情况使用合适高度的梯子，梯子必须是经过检验的合格品； 4．使用梯子时应有人扶持或绑牢； 5．人字梯必须有坚固的铰链和限制开度的拉链； 6．在梯子上工作时，梯与地面的斜角度为60°左右
	气体保护误动	1．取样完毕后必须将取样阀门关闭严密； 2．对于发现胶垫已经损坏的取样阀，应立即联系检修处理； 3．严禁用扳手对阀门进行过力的紧固和敲打，以防发生取样阀门联管断裂的现象
油分析	着火	1．使用酒精、丙酮等易燃物时应防止飞溅到其他设备上，如有应立即擦除干净； 2．工作现场严禁明火，严禁吸烟； 3．易燃易爆物品使用完毕后应专柜存放、专人管理； 4．油品试验室必须配备干粉灭火器或二氧化碳灭火器，房间内严禁烟火
	爆炸	1．进入实验室先通风，再开启设备； 2．高压氮气罐应放置牢固可靠，禁止置于热源附近； 3．试验员离开试验室后要将电源彻底断开；

任务	危险点	控制措施
油分析	爆炸	4．经常检查氢气发生器的阀门，保持实验室室内通风； 5．在装卸、运输钢瓶前应检查胶圈齐全完好，应绑扎固定牢，轻拿轻放，严禁摔、扔
	触电	1．试验仪器应可靠接地，定期检查设备接地线、线路老化程度； 2．电源必须装设漏电保护器； 3．在操作高压试验仪器时应该站在绝缘胶皮上进行； 4．试验结束前禁止任何人接触试验仪器，试验结束后必须先断掉电源再进行其他操作
	玻璃器皿破碎伤人	1．取气、注气时使用工具应小心，必要时带防护手套进行； 2．玻璃器皿轻拿轻放，小心使用，取样时戴耐油手套，清洗时戴橡胶手套； 3．破碎的玻璃器皿要及时清理，防止伤人
	滑倒	小心谨慎使用工具，地面上的绝缘油应及时清理干净
	油液腐蚀皮肤	1．避免油样等与皮肤直接长期接触； 2．操作时戴橡胶手套，清洗时戴橡胶手套，工作后要洗手
	烫伤	接触高温的器皿（烘干箱、油介损杯）时应戴隔热防护手套

任务	危险点	控 制 措 施
油分析	触电	1. 严格遵守设备操作的相关规定； 2. 试验仪器必须可靠接地； 3. 操作人要站在绝缘垫上，穿工作服，戴绝缘手套； 4. 试验结束前禁止任何人接触试验仪器，试验结束后必须先断掉电源再进行其他操作

第三篇

线路检修作业

作业内容	危险点	控　制　措　施
更换拉线	高处坠落	1. 使用登高工具应外观检查； 2. 高处作业安全带应系在牢固的构件上，高挂低用，转位时不得失去保护
	触电、感电	1. 杆塔上作业的人员、工具、材料与带电体保持安全距离； 2. 上下传递工器具、材料必须使用绝缘无极绳； 3. 设专人监护； 4. 严格控制拉线摆动，保持安全距离； 5. 杆塔上有感应电时，工作人员应穿防静电服； 6. 使用的安全工器具必须定期检验并合格
	物体打击	1. 高处作业必须使用工具袋防止掉东西； 2. 工器具、材料等必须用绳索传递，杆下应防止行人逗留； 3. 下拉盘时坑内严禁站人，防止拉线棒反弹，拉盘对面不得有人停留
更换架空 地线金具	高处坠落	1. 使用登高工具应外观检查； 2. 高处作业安全带应系在牢固的构件上，高挂低用，转位时不得失去保护
	触电	1. 杆塔上作业的人员、工具、材料与带电体保持安全距离； 2. 上下传递工器具、材料必须使用绝缘无极绳； 3. 设有专人监护； 4. 严格控制吊绳摆动，保持足够安全距离；

作业内容	危险点	控 制 措 施
更换架空地线金具	触电	5. 杆塔上有感应电时工作人员应穿防静电服； 6. 使用的安全工器具必须定期检验并合格
	机械伤害	1. 选用的工器具合格、可靠，严禁以小代大； 2. 工器具受力后应检查受力状况； 3. 选用承载力合适的葫芦，不过载使用； 4. 棘轮可靠； 5. 不斜扳； 6. 支架强度足够，连接可靠
	物体打击	作业人员必须戴安全帽，上下传递物件应使用绳索
更换绝缘子	高处坠落	1. 使用登高工具应外观检查； 2. 高处作业安全带应系在牢固的构件上，高挂低用，转位时不得失去保护； 3. 必须采取防止导线脱落的后备保护措施及限制导线放落高度的措施
	触电	1. 核对线路名称、杆号、色标； 2. 同杆一回停电作业，发给作业人员识别标记，每基杆塔设专人监护； 3. 相应作业地段加挂接地线； 4. 使用的安全工器具必须定期检验并合格

作业内容	危险点	控 制 措 施
更换绝缘子	机械伤害	1. 选用的工器具合格、可靠，严禁以小代大； 2. 工器具受力后应检查受力状况； 3. 选用承载力合适的葫芦，不过载使用； 4. 棘轮可靠； 5. 不斜扳； 6. 支架强度足够，连接可靠
铁塔拆除	高处坠落	1. 使用登高工具应外观检查； 2. 高处作业安全带应系在牢固的构件上，高挂低用
	触电	1. 必要时搭设防护架； 2. 吊车和吊件与带电设备保持安全距离； 3. 设专人监护； 4. 使用的安全工器具必须定期检验并合格
	机械伤害	1. 吊车四脚支撑牢固； 2. 估算最大分段质量； 3. 起吊前，确认分段点连接螺丝都已拆除或割开； 4. 吊臂下方严禁站人； 5. 选择足够动力的卷扬机，并维护保养合格；

作业内容	危险点	控 制 措 施
铁塔拆除	机械伤害	6. 牵引、制动良好； 7. 卷筒上最少保留五圈钢丝绳； 8. 严禁用手扶行走的钢丝绳； 9. 选择坚实土壤，避免在松软土地及河坎设置地锚； 10. 地锚（桩）抗拉强度满足要求
	物体打击	1. 作业面边缘设置安全围栏，严禁行人入内或逗留； 2. 可能坠落范围内严禁站人； 3. 物体上下用绳索传递； 4. 抱杆升降，四侧拉线操作均匀一致； 5. 起吊过程中不得调整抱杆； 6. 起吊时塔上作业人员应站在塔身内侧安全位置上； 7. 塔身上方两主材间应有连接绳； 8. 两侧有控制绳
	车辆伤害	1. 严禁酒后行车； 2. 乘车人员不应和司机交谈； 3. 严禁人货混装； 4. 不超载装运，物体装运、绑扎牢固

作业内容	危险点	控 制 措 施
更换横担	高处坠落	1．使用登高工具应外观检查； 2．杆、塔上作业安全带应系在牢固的构件上，不脱出，高挂低用，转位时不得失去保护； 3．旧横担拆除后新横担就位前，安全带、保险绳可同时系在电杆上，但新横担装好后，保险绳应立即转挂于横担上
	触电	1．核对线路名称、编号、色标； 2．同杆一回线路停电作业，每基作业杆塔应设专人监护，发给作业人员相应的识别标记； 3．作业地段对同杆、交跨、邻近电力线路防止感应电，必须加挂接地线； 4．必须采取防止导线脱落的后备保护措施及限制导线放落高度的措施； 5．门型杆换横担要采取补强措施，保证电杆的稳定性； 6．使用的安全工器具必须定期检验并合格
	物体打击	1．作业面边缘设置安全围栏，严禁行人入内； 2．可能坠落范围内严禁站人； 3．物体上下用绳索传递
电杆更换	高处坠落	1．使用登高工具前应外观检查； 2．杆、塔上作业安全带应系在牢固的构件上，高挂低用，转位时不得失去保护

作业内容	危险点	控 制 措 施
电杆更换	触电	1. 核对线路名称、编号（色标）； 2. 临近带电线路作业设专人监护； 3. 作业地段对交跨、邻近电力线路时，为防止感应电必须加挂接地线； 4. 必须采取防止导线脱落的后备保护措施及限制导线放落高度的措施； 5. 使用的安全工器具必须定期检验并合格
	机械伤害	1. 吊车腿应支撑牢固； 2. 估算最大分段质量； 3. 起吊前，确认分段点连接螺丝已拆除或割开； 4. 吊臂吊件下方严禁站人； 5. 选择足够动力并合格的卷扬机； 6. 牵引、制动良好； 7. 卷筒上至少保留 5 圈钢丝绳； 8. 严禁用手扶行走的钢丝绳； 9. 按需要选择地锚和锚桩形式和数量； 10. 选择坚实土壤，避免在河坎及松软土质处设置锚（桩）； 11. 使用群桩（钻）布置合理，连接紧密可靠
	物体打击	1. 作业面边缘设置安全围栏，严禁行人入内；

作业内容	危险点	控 制 措 施
电杆更换	物体打击	2. 可能坠落范围内严禁站人； 3. 物体上下传递时用绳索； 4. 人员站位要合理、安全； 5. 抱杆二脚应垫牢并固定，防止下沉或移位； 6. 使用浪风绳布置应合理，受力要均匀； 7. 正式起吊前应试吊，检查抱杆各受力元件受力情况，电杆提升要平稳，不得撞击抱杆

第四篇

停送电操作部分

任务	危险点	控 制 措 施
变压器停送电操作	触电	1. 操作过程中必须穿绝缘鞋、戴安全帽，使用合格的绝缘手套； 2. 与带电设备保持安全距离； 3. 操作过程中严禁误触、误碰带电设备； 4. 严格执行操作票标准，防止误入带电间隔； 5. 设备停电需要挂地线前必须进行验电工作； 6. 雷雨天气严禁进行倒闸操作； 7. 操作使用的安全工器具必须定期检验并合格
	摔伤、跌伤	1. 行走过程中注意看路，走在盖板上应检查盖板完整； 2. 夜间操作要保证变电站内有充足的照明，并携带亮度合格的照明器具； 3. 上下台阶时，应抓好扶手慢行
	套管爆炸伤人	1. 操作过程中戴好安全帽，严禁靠近设备； 2. 能够远方操作的设备严禁就地操作； 3. 正确执行变压器绝缘测试
	变压器绝缘损坏	变压器进行停送电操作前必须合上变压器中性点接地刀闸
断路器操作	触电	1. 操作过程中必须穿绝缘鞋、戴安全帽，使用合格的绝缘手套； 2. 与带电设备保持安全距离； 3. 操作过程中严禁误触、误碰带电设备；

任务	危险点	控 制 措 施
断路器操作	触电	4. 严格执行操作票标准，防止误入带电间隔； 5. 设备停电需要挂地线前必须进行验电工作； 6. 雷雨天气严禁进行倒闸操作； 7. 操作使用的安全工器具必须定期检验并合格
	摔伤、跌伤	1. 行走时注意看路，走在盖板上应检查盖板完整； 2. 夜间操作要保证变电站内有充足的照明，并携带亮度合格的照明器具； 3. 上下台阶时，应抓好扶手慢行
	断路器爆炸伤人	1. 操作前要检查 SF_6 气体压力在规定压力范围内； 2. 断路器操作必须在远方进行； 3. 操作过程中严禁在断路器附近停留
隔离开关操作	触电	1. 操作过程中必须穿绝缘鞋、戴安全帽，使用合格的绝缘手套； 2. 与带电设备保持安全距离； 3. 操作过程中严禁误触、误碰带电设备； 4. 严格执行操作票标准，防止误入带电间隔； 5. 设备停电需要挂地线前必须进行验电工作； 6. 雷雨天气严禁进行倒闸操作； 7. 操作使用的安全工器具必须定期检验并合格

任务	危险点	控 制 措 施
隔离开关操作	摔伤、跌伤	1. 行走时注意看路，走在盖板上应检查盖板完整； 2. 夜间操作要保证变电站内有充足的照明，并携带亮度合格的照明器具； 3. 上下台阶时，应抓好扶手慢行
	落物伤人	1. 操作过程中严禁在隔离开关下方停留； 2. 能够远方操作隔离开关的严禁进行就地操作； 3. 必须戴合格的安全帽
	触头损坏	1. 操作过程中要认真检查隔离开关触头接触完好，防止触头接触不良； 2. 就地操作过程中，严禁野蛮操作，防止绝缘子断裂； 3. 严禁带负荷分合隔离开关
电压互感器操作	触电	1. 操作过程中必须穿绝缘鞋、戴安全帽，使用合格的绝缘手套； 2. 与带电设备保持安全距离； 3. 操作过程中严禁误触、误碰带电设备； 4. 严格执行操作票标准，防止误入带电间隔； 5. 设备停电需要挂地线前必须进行验电工作； 6. 雷雨天气严禁进行倒闸操作； 7. 操作使用的安全工器具必须定期检验并合格

任务	危险点	控 制 措 施
电压互感器操作	摔伤、跌伤	1. 行走时注意看路，走在盖板上应检查盖板完整； 2. 夜间操作要保证变电站内有充足的照明，并携带亮度合格的照明器具； 3. 上下台阶时，应抓好扶手慢行
	二次短路	1. 操作前必须先将二次开关断开； 2. 送电前检查 TV 二次回路无短路现象
	铁磁谐振	电磁式 TV 的操作必须在母线有电的情况下进行，即母线送电后再投入 TV，母线停电前先将 TV 退出运行
配电室设备操作	触电	1. 操作过程中必须穿绝缘鞋、戴安全帽，使用合格的绝缘手套； 2. 与带电设备保持安全距离； 3. 操作过程中严禁误触、误碰带电设备； 4. 严格执行操作票标准，防止误入带电间隔； 5. 设备停电需要挂地线前必须进行验电工作； 6. 雷雨天气严禁进行倒闸操作； 7. 操作使用的安全工器具必须定期检验并合格
	摔伤、跌伤	1. 行走时注意看路，走在盖板上应检查盖板完整； 2. 夜间操作要保证配电室内有充足的照明，并携带亮度合格的照明器具； 3. 上下台阶时，应抓好扶手慢行

任务	危险点	控 制 措 施
配电室设备操作	手车式空气开关损坏	1．严禁进行野蛮操作，防止手车损坏； 2．严禁随意解除闭锁装置进行操作
无功补偿装置操作	触电	1．操作过程中必须穿绝缘鞋、戴安全帽，使用合格的绝缘手套； 2．与带电设备保持安全距离； 3．操作过程中严禁误触、误碰带电设备； 4．严格执行操作票标准，防止误入带电间隔； 5．设备停电需要挂地线前必须进行验电工作； 6．雷雨天气严禁进行倒闸操作； 7．电容器、电抗器在未进行放电过程中严禁靠近和触摸； 8．操作使用的安全工器具必须定期检验并合格
	摔伤、跌伤	1．行走时注意看路，走在盖板上应检查盖板完整； 2．夜间操作要保证配电室内有充足的照明，并携带亮度合格的照明器具； 3．上下台阶时，应抓好扶手慢行
	电容器损坏	1．严禁随意改变无功补偿装置的运行状态； 2．无功补偿装置在电容、电抗切换过程中要检查调压器挡位在 1 挡； 3．严禁将电容器、电抗器并列运行

任务	危险点	控 制 措 施
接地刀闸操作	触电	1. 操作过程中必须穿绝缘鞋、戴安全帽，使用合格的绝缘手套； 2. 与带电设备保持安全距离； 3. 操作过程中严禁误触、误碰带电设备； 4. 严格执行操作票标准，防止误入带电间隔； 5. 合接地刀闸前必须进行验电工作； 6. 雷雨天气严禁进行倒闸操作； 7. 操作使用的安全工器具必须定期检验并合格
	摔伤、跌伤	1. 行走时注意看路，走在盖板上应检查盖板完整； 2. 夜间操作要保证配电室内有充足的照明，并携带亮度合格的照明器具； 3. 上下台阶时，应抓好扶手慢行
	接地刀闸触头损坏	合接地刀闸时必须用力适当，防止用力过度而导致设备损坏；
接地线悬挂及拆除	触电	1. 操作过程中必须穿绝缘鞋、戴安全帽，使用合格的绝缘手套； 2. 与带电设备保持安全距离； 3. 操作过程中严禁误触、误碰带电设备； 4. 严格执行操作票标准，防止误入带电间隔； 5. 挂接地线前必须进行验电工作；

任务	危险点	控 制 措 施
接地线悬挂及拆除	触电	6. 悬挂接地线必须先接接地端，再接设备端。拆除时与之相反； 7. 使用电压等级合适，检验合格的接地设备
	高处坠落	1. 需要登高悬挂接地线时必须系安全带； 2. 正确使用检验合格的安全工器具
	接地线损坏	正确使用安全工器具，严禁野蛮操作
保护及测控装置操作	触电	1. 操作过程中必须穿绝缘鞋、戴安全帽，使用合格的绝缘手套； 2. 与带电设备保持安全距离； 3. 操作过程中严禁误触、误碰带电设备； 4. 操作使用的安全工器具必须定期检验并合格
	设备误动	1. 操作前要认真核对保护装置定值正确； 2. 严格按照操作票要求投退相应连接片； 3. 严禁误触误碰控制回路导致设备异常分合
	连接片损坏	操作过程中要正确使用安全工器具，严禁野蛮操作
直流系统操作	触电	1. 操作过程中必须穿绝缘鞋、戴安全帽，使用合格的绝缘手套； 2. 与带电设备保持安全距离； 3. 操作过程中严禁误触、误碰带电设备； 4. 操作使用的安全工器具必须定期检验并合格

任务	危险点	控 制 措 施
直流系统操作	灼伤	装拆高压熔断器，应戴护目眼镜，必要时使用绝缘夹钳，站在绝缘垫上
	空气开关损坏	1. 严格执行操作票，严禁任意操作直流开关； 2. 操作过程中要正确使用安全工器具，严禁野蛮操作
备用变压器操作	触电	1. 要严格执行跌落式熔断器操作程序。送电时按照迎风相、被风相、中间相进行操作，停电时与之相反； 2. 操作应有两人进行，一人操作，一人监护； 3. 应使用合格的绝缘杆，雨天操作应使用有防雨罩的绝缘杆； 4. 摘挂跌落式熔断器应使用绝缘棒，其他人员不得触及设备； 5. 停电时应先风电机组与系统解列，再拉高压侧跌落熔断器； 6. 雷电时，严禁进行风机变压器更换跌落熔丝工作； 7. 操作使用的安全工器具必须定期检验并合格
	跌落开关损坏	1. 送电前要对风电机组变压器进行详细检查，确保具备送电条件； 2. 检查跌落开关上下接触良好，无放电现象； 3. 正确使用安全工器具，严禁野蛮操作
	落物伤人	1. 操作人员应戴好安全帽； 2. 使用绝缘杆拆装跌落时严禁下方站人

任务	危险点	控 制 措 施
380V 动力盘操作	触电	1. 操作过程中必须穿绝缘鞋、戴安全帽，使用合格的绝缘手套； 2. 与带电设备保持安全距离； 3. 操作过程中严禁误触、误碰带电设备； 4. 操作使用的安全工器具必须定期检验并合格
	空气开关损坏	操作过程中严禁将厂、备用电源并列运行
线路操作	触电	1. 操作过程中必须穿绝缘鞋、戴安全帽，使用合格的绝缘手套； 2. 与带电设备保持安全距离； 3. 操作过程中严禁误触、误碰带电设备； 4. 操作前应确保线路作业人员已全部撤离
	电缆损坏	1. 送电前要确保线路安全措施一全部拆除； 2. 停电前应先将风电机组全部与电网解列
风电机组 变压器操作	触电	1. 要严格执行跌落式熔断器操作程序。送电时按照迎风相、被风相、中间相进行操作，停电时与之相反； 2. 操作应有两人进行，一人操作，一人监护； 3. 应使用合格的绝缘杆，雨天操作应使用有防雨罩的绝缘杆； 4. 摘挂跌落式熔断器应使用绝缘棒，其他人员不得触及设备；

任务	危险点	控制措施
风电机组变压器操作	触电	5. 停电时应先将风电机组与系统解列，再拉高压侧跌落熔断器； 6. 雷电时，严禁进行风电机组变压器更换跌落熔丝工作； 7. 操作使用的安全工器具必须定期检验并合格
	跌落开关损坏	1. 送电前要对风电机组变压器进行详细检查，确保具备送电条件； 2. 检查跌落开关上下接触良好，无放电现象； 3. 正确使用安全工器具，严禁野蛮操作
	落物伤人	1. 检查设备必须戴合格的安全帽； 2. 使用绝缘杆拆装跌落时严禁下方站人
风电机组启停操作	机械伤害	1. 风电机组有现场作业时严禁随意进行风电机组启停操作； 2. 风电机组启停操作必须与现场工作人员进行联系； 3. 现场风电机组作业人员停机后必须将远程就地控制把手切换至就地位置
	电网故障	1. 在限负荷情况下风电机组启停操作要确保负荷在调度控制范围内； 2. 当电网发生波动而导致风电机组故障停机时，必须及时将风电机组控制在停止状态并汇报调度。启机操作必须经调度允许后方可进行